DEUTSCHE DEMOKRATISCHE REPUBLIK
DEUTSCHE AKADEMIE
DER LANDWIRTSCHAFTSWISSENSCHAFTEN ZU BERLIN

ALBRECHT-THAER-ARCHIV

ARBEITEN AUS DEN GEBIETEN BODENKUNDE, PFLANZENERNÄHRUNG, ACKER- UND PFLANZENBAU

AKADEMIE-VERLAG · BERLIN

1965 · 9. BAND

Herausgeber: Deutsche Demokratische Republik · Deutsche Akademie der Landwirtschaftswissenschaften zu Berlin

Chefredakteur: Prof. Dr. agr. habil. ERWIN PLACHY

Redaktionelle Bearbeitung: Dipl.-Landw. RENATE STUBBE

Das Albrecht-Thaer-Archiv erscheint in Heften mit einem Umfang von je 6 Druckbogen (96 Seiten). Die innerhalb eines Jahres herausgegebenen 12 Hefte bilden einen Band. Das letzte Heft eines Bandes enthält Inhalts- und Sachverzeichnis.

Der Bezugspreis je Heft beträgt 5,— MDN.

Die Schriftleitung nimmt nur Manuskripte an, deren Gesamtumfang 25 Schreibmaschinenseiten nicht überschreitet und die bisher noch nicht, auch nicht in anderer Form, im In- oder Ausland veröffentlicht wurden. Jeder Arbeit ist ein Autorreferat zur Vorankündigung (nicht länger als 1½ Schreibmaschinenseiten) sowie eine Zusammenfassung mit den wichtigsten Ergebnissen (nicht länger als 20 Zeilen), wenn möglich auch in russischer und englicher bzw. französischer Sprache, beizufügen. Gegebenenfalls erfolgt die Übersetzung in der Akademie.

Manuskripte sind zu senden an die Schriftleitung, Deutsche Akademie der Landwirtschaftswissenschaften zu Berlin, 108 Berlin, Krausenstraße 38—39.

Die Autoren erhalten Umbruchabzüge zur Korrektur mit befristeter Terminstellung. Bei Nichteinhaltung der Termine erteilt die Redaktion Imprimatur.

Für jede Arbeit werden unentgeltlich 100 Sonderdrucke geliefert. Das Honorar beträgt 40,— MDN je Druckbogen und schließt auch die Urheberrechte für das Bildmaterial ein. Dissertationen, auch gekürzte bzw. geänderte, werden nicht honoriert.

Verlag: Akademie-Verlag GmbH, 108 Berlin, Leipziger Straße 3—4, Fernruf: 220441. Telex-Nr. 011773. Postscheckkonto: Berlin 35021.

Veröffentlicht unter der Lizenznummer 1285 des Presseamtes beim Vorsitzenden des Ministerrates der Deutschen Demokratischen Republik.

Gesamtherstellung: VEB Druckhaus Maxim Gorki, 74 Altenburg.

Autorenverzeichnis

Sachverzeichnis

DEUTSCHE DEMOKRATISCHE REPUBLIK
DEUTSCHE AKADEMIE
DER LANDWIRTSCHAFTSWISSENSCHAFTEN ZU BERLIN

ALBRECHT-THAER-ARCHIV

AKADEMIE-VERLAG · BERLIN

THEORIA CUM PRAXI

1965 · 9. BAND · HEFT 1

Herausgeber: Deutsche Demokratische Republik · Deutsche Akademie der Landwirtschaftswissenschaften zu Berlin

Chefredakteur: Prof. Dr. agr. habil. ERWIN PLACHY

Redaktionelle Bearbeitung: Dipl.-Landw. RENATE STUBBE

Das Albrecht-Thaer-Archiv erscheint in Heften mit einem Umfang von je 6 Druckbogen (96 Seiten). Die innerhalb eines Jahres herausgegebenen 12 Hefte bilden einen Band. Das letzte Heft eines Bandes enthält Autoren- und Sachverzeichnis.

Der Bezugspreis je Heft beträgt 5,– MDN.

Die Schriftleitung nimmt nur Manuskripte an, deren Gesamtumfang 25 Schreibmaschinenseiten nicht überschreitet und die bisher noch nicht, auch nicht in anderer Form, im In- oder Ausland veröffentlicht wurden. Jeder Arbeit ist ein Autorreferat zur Vorankündigung (nicht länger als $1^1/_2$ Schreibmaschinenseiten) sowie eine Zusammenfassung mit den wichtigsten Ergebnissen (nicht länger als 20 Zeilen), wenn möglich auch in russischer und englischer bzw. französischer Sprache, beizufügen. Gegebenenfalls erfolgt die Übersetzung in der Akademie.

Manuskripte sind zu senden an die Schriftleitung, Deutsche Akademie der Landwirtschaftswissenschaften zu Berlin, 108 Berlin, Krausenstraße 38–39.

Die Autoren erhalten Umbruchabzüge zur Korrektur mit befristeter Terminstellung. Bei Nichteinhaltung der Termine erteilt die Redaktion Imprimatur.

Für jede Arbeit werden unentgeltlich 100 Sonderdrucke geliefert. Das Honorar beträgt 40,– MDN je Druckbogen und schließt auch die Urheberrechte für das Bildmaterial ein. Dissertationen, auch gekürzte bzw. geänderte, werden nicht honoriert.

Verlag: Akademie-Verlag GmbH, 108 Berlin, Leipziger Straße 3–4, Fernruf: 220441. Telex-Nr. 011773. Postscheckkonto: Berlin 35021. Bestellnummer dieses Heftes: 1051/9/1

Veröffentlicht unter der Lizenznummer 1285 des Presseamtes beim Vorsitzenden des Ministerrates der Deutschen Demokratischen Republik.

Gesamtherstellung: VEB Druckhaus Maxim Gorki, 74 Altenburg.

DEUTSCHE DEMOKRATISCHE REPUBLIK
DEUTSCHE AKADEMIE
DER LANDWIRTSCHAFTSWISSENSCHAFTEN ZU BERLIN

ALBRECHT-THAER-ARCHIV

ARBEITEN AUS DEN GEBIETEN BODENKUNDE, PFLANZENERNÄHRUNG, ACKER- UND PFLANZENBAU

AKADEMIE-VERLAG · BERLIN

1965 · 9. BAND · HEFT 1

INHALT

Aus dem Institut für Pflanzenernährung und Bodenkunde
der Martin-Luther-Universität Halle-Wittenberg
(Direktor: Prof. Dr. Dr. h. c. K. SCHMALFUSS)

KARL SCHMALFUSS

Über Bodenbildung

Eingegangen: 15. 1. 1964

Vor einer Reihe von Jahren habe ich in einem Vortrag (1957) die Kohlenstoffgehalte des Versuchsbodens „Ewiger Roggenbau" als Belege für eine unterschiedliche Bodenbildung angegeben und in den erwähnten Jahren folgende Zahlen von diesem Versuch genannt:

	Stallmist	NPK	Ungedüngt
1878	1,24	1,24	1,24
1929	1,64	1,24	1,15
1949	1,66	1,22	1,12
1953	1,68	1,26	1,12

Der Versuch hatte das Ergebnis gebracht, daß nach jährlich fortgesetzter Stallmist- oder Mineraldüngung die C-Gehalte im Boden bei Stallmistdüngung von 1,24 (1878) bis auf 1,68 (1953) angestiegen waren. Die Mineraldüngerparzelle brachte zwar dieselben Erträge wie die Stallmistparzelle, aber ein Humuszuwachs im Boden fand bei ihr nicht statt. Die Roggenerträge waren bei alleiniger Mineraldüngung (40 kg N/ha und Jahr) praktisch völlig gleich groß wie die bei jährlicher Stallmistdüngung (mit etwa 60 kg N/ha und Jahr, die mit dem Mist gegeben wurden). Die Erntesummen von Stallmist und von NPK sind aber nach den vielen Versuchsjahren einander trotz der höheren N-Gabe im Stallmist nahezu völlig gleich, wenn man die Erntegewichte (lufttrocken) in Betracht zieht; während die Erntesumme der Stallmistparzelle nach 70 Erntejahren 5008,9 dt/ha betrug, war dieselbe bei NPK-Düngung nach der gleichen Zeit 5089,2 dt/ha groß (Kühn-Arch. 63 (1950), S. 4). Schließlich hatte sich die ungedüngte Parzelle in ihrem Humusgehalt (1,24 → 1,12) und auch in ihren Erträgen deutlich gegenüber der Stallmistparzelle unter die ursprünglichen Zahlen verringert.

Soweit dieser Versuch. In ihm ist das ganze Problem der Düngung der Pflanzen auf der einen Seite und die Bedeutung der organischen Bodensubstanz auch für die Bodenfruchtbarkeit andererseits enthalten, wie ich es schon in einer kleinen Publikation (SCHMALFUSS, 1960) vor Jahren veröffentlicht habe.

Die Absicht der nun zu beschreibenden Versuche war es, mindestens ein möglichst einheitliches, homogenes und dabei lockeres Gestein ohne Humus (Löß) im Freien jährlich mit einer bestimmten Düngung zu versehen und mit den üblichen Kulturpflanzen zu bebauen. Die Einwirkung der Düngungsunterschiede auf Pflanzenertrag und Bodenhumus sollte jährlich untersucht werden, um die Veränderung oder Umwandlung des Gesteins in Boden, namentlich aber die Veränderungen des entstehenden Bodenhumus, beleuchten zu können.

Zum speziellen Studium dieser bodenbildenden Vorgänge haben wir 1949 einen einfachen Dauerdüngungsversuch mit senkrecht stehenden, in die Erde eingelassenen, glasierten Tonzylindern untergebracht (SCHMALFUSS, 1960).

Bei der Untersuchung des Lößes ergaben die Kohlenstoffbestimmungen etwa 180 mg C/100 g „Boden"; doch wichen andere Proben etwas nach oben oder nach unten ab, etwa zwischen 176 und 181 mg. Der $CaCO_3$-Gehalt (nach SCHEIBLER) betrug im reinen Löß etwa 18%. Das Material entstammte einem Schwarzerdeboden aus der Nähe des Versuchsgutes Etzdorf. Die Schwarzerdeschicht war sorgfältig vor der Entnahme entfernt worden und nur der reine Löß in der Lagerung von etwa 1 m Mächtigkeit übriggeblieben. Daher mag auch der ansehnliche C-Gehalt des Lößes rühren, der aus der eigentlichen Oberbodenschicht im Laufe der Jahre allmählich auch nach unten in den Löß eingesickert war.

Zur einheitlichen Probenahme der Böden aus den Zylindern wurde ein aus Stahlblech geformter Bodenstecher verwendet, der von der Bodenoberfläche bis auf 12 cm in den Boden eindringen konnte. Daraus ergibt sich weiter, daß bis zu 12 cm Tiefe im Zylinder etwa 22,8 kg Boden, der bearbeitet wurde und der aus reinem Löß entstand, vorhanden war. Die Füllung eines Zylinders mit solchem Löß betrug etwa rund 185 kg bei einem natürlichen Wassergehalt von 15%.

Die Lößkulturen wurden alljährlich bearbeitet, gedüngt und besät und die Erträge an Pflanzen bestimmt. Danach wurden die Böden, teils mehrmals, auf C, auf N und Humus untersucht sowie Laugenauszüge aus dem Boden gemacht, um einen mengenmäßigen Einblick in die in ihm ab-

Tabelle 1

Jahr	Pflanze	Gesamt-Pflanzenerträge (wasserfrei in g/Zylinder)			
Düngung in kg N/ha		*0*	*25*	*50*	*100*
1949	Sommerweizen	99,0	77,9	126,1	98,3
1950	Möhren	nicht verarbeitet			
1951	Sommergerste	138,2	107,3	146,6	163,4
1952	Sommerweizen	150,0	137,3	164,5	166,0
Düngung in kg N/ha		*0*	*50*	*100*	*200*
1953	Senf	17,1	22,3	29,2	46,5
1953	Mais (grün)	38,9	57,2	81,4	103,8
1954	Sommergerste	85,0	86,2	113,1	119,5
1955	Sommerweizen	80,2	103,1	119,9	117,6
1956	Mais	40,1	76,1	114,3	166,7
1957	Mais	48,7	99,3	121,8	157,6
Düngung in kg N/ha		*0*	*100*	*200*	*400*
1958	Mais	49,9	162,4	237,7	294,0
1959	Mais	35,0	99,5	169,8	257,2
1960	Weidelgras I + II	35,0	63,3	94,9	130,0
1961	Weidelgras I + II + III	15,7	54,6	82,8	114,6
1962	Weidelgras I + II	10,1	45,9	90,8	112,0
1963	Weidelgras I + II	22,3	62,1	137,4	175,9
Gesamt-Erntegewichte (1949–1963) in g:		865,2	1254,5	1830,3	2223,1

laufenden Vorgänge zu bekommen. An Düngung wurden dem Versuch jährlich (kg/ha) verabreicht: 60 kg P_2O_5, 100 kg K_2O und wechselnde, gestaffelte Mengen an Stickstoff (in Form von NH_4NO_3), die in Tabelle 1 im einzelnen angegeben sind. Damit sollten ein differenziertes Wachstum der Pflanzen und möglichst weit auseinanderliegende Erträge auf einem humusfreien Substrat erzielt werden. Eine organische oder eine Stallmistdüngung wurde vermieden, so daß die oft beträchtlich veränderten Ertragsdifferenzen in allen Fällen nur auf der durch mineralischen N vermehrten oder durch sein Fehlen verminderten Pflanzensubstanz erntereifer Bestände beruhten.
Ein Düngungsversuch von 0—100 kg N/ha erwies sich als zu wenig differenziert, wie die Zahlen der Tabelle 1 erkennen lassen. Auch eine Differenz von 0—200 kg N/ha erwies sich noch als zu gering für unseren Zweck. Erst eine N-Gabe von 0—400 kg N zeigte sich als günstig und brauchbar, besonders wenn man üppig wachsende Pflanzen (Mais) anzubauen beabsichtigt.

Auf diese Weise ließen sich auf dem Gestein oder, wenn man so will, sehr humusarmen oder humusfreien Boden sehr unterschiedliche Pflanzenerträge erzielen. Sie alle beweisen aber schon, daß notwendig je nach den Außenbedingungen auch sehr verschiedene Humusmengen im Boden entstehen und daß die Pflanzen, außer der Vermehrung durch Wachstum als Folge von Humusabbau, keine Möglichkeiten besitzen, von sich aus die Humusbildung im Boden zu beeinflussen. Primär steuert also weniger der Humus die Pflanze in ihrer Entwicklung, sondern zunächst die Pflanze den Humus.

Aus der letzten Zeile der Tabelle 1 (Summenwerte) geht hervor, daß aus dem gleichen Substrat bei etwa gleichen sonstigen Bedingungen die Pflanze aber im Durchschnitt bei höheren N-Gaben die fast dreifachen Erträge erbringt wie „Ungedüngt“. Schließlich werden mit zunehmendem Alter natürlich auch die Ertragsunterschiede immer größer. Wir haben dabei nur noch die Annahme zu machen, daß der wurzelbildende basale Teil der Pflanzen mengenmäßig eine gewisse Proportionalität zum oberen Teil oder zu den Ernterückständen zum Ausdruck bringen mußte. Das kann man zwar nicht genau beweisen, aber mit Sicherheit doch als richtig annehmen.

Jedenfalls kann man wohl mit einer gewissen Unbezweifelbarkeit sagen, daß die Pflanze unter ihren jeweiligen Bedingungen ein um so größeres Wurzelsystem entstehen läßt, je größere Mengen die oberirdischen Teile der Pflanzenmasse gebildet haben. Man kann selbstverständlich auch weiter als besonders wichtig folgern, daß der höhere Ertrag an Pflanzensubstanz, hervorgerufen durch Mineraldüngung, auch stärkere Bildungen an Humus im Boden zur Folge hat. Jede Mineraldüngung, die das Pflanzenwachstum fördert, am meisten aber der Stickstoff, der selbst in das Humusmolekül eintritt, trägt damit zur Humusbildung und zur Entstehung von Humus im Boden bei. Je mehr wir in einem gewissen Bereich mit Stickstoff düngen können, um so mehr verstärkt sich der Fruchtbarkeitszustand des Bodens. Am deutlichsten ist das also eben besonders beim Nährstoff Stickstoff. In ihm liegt ein integrierender Bestandteil des Humus vor. Der Stickstoff wird aus dem organisch gebundenen N mehr oder weniger schnell als NH_3-Stickstoff (Nährhumus-Dauerhumus) abgespalten und kann direkt der Pflanze zur Ernährung dienen. Damit bewirkt der Organismus durch eine Bindung des Stickstoffs einerseits eine Humifizierung oder Festlegung, durch eine Freiwerdung infolge von Bakterientätigkeit andererseits eine Mineralisation und Vermehrung des assimilierbaren Stickstoffs für die Pflanzen.

In den ersten Jahren sind die Unterschiede weniger deutlich, namentlich wenn, wie schon gesagt, die N-Differenzierung klein ist. Sie wird aber deutlicher mit der Zunahme der Stickstoffmengen in der Düngung, und die Unterschiede werden immer klarer. Das zeigt sich am deutlichsten beim Vergleich von Erträgen der einzelnen Kulturen in den aufeinanderfolgenden Jahren mit verschiedener N-Steigerung (Tabelle 2). Kleinere Unterschiede, aber bei genügender regelmäßiger Abstufung, zeigten die Gesamtgehalte an N im Boden und schließlich auch an organisch gebundenem Stickstoff. Der mineralische N (in der letzten Zeile der Tabelle 2) zeigt ebenfalls deutlich entsprechende Unterschiede. Die Stickstoffgehalte der Böden selbst sind weniger von Belang, weil die Werte naturgemäß kleiner sind.

Tabelle 2

Düngung mit N in kg/ha: (1957) / (1958)	0 / 0	50 / 100	100 / 200	200 / 400
Erträge Mais 1957 (wasserfrei in g/Zylinder)	48,7	99,3	121,8	157,6
Erträge Mais 1958 (wasserfrei in g/Zylinder)	49,9	162,4	237,7	294,0
Ges.-C 1957 in mg/100 g Boden	683,5	781,8	789,0	863,5
Ges.-C 1958 in mg/100 g Boden	772,7	838,9	857,9	968,9
Ges.-N 1957 in mg/100 g Boden	43,7	50,2	50,9	56,2
Ges.-N 1958 in mg/100 g Boden	49,0	53,8	54,9	64,7
Im Laugenauszug:				
mg C/100 g Boden 1957	149,2	194,9	216,2	228,6
mg C/100 g Boden 1958	188,6	207,6	232,6	255,0
mg N/100 g Boden 1957	31,1	35,8	35,9	37,6
NH_4- + NO_3-N 1958 in mg/100 g Boden	0,30	0,41	0,44	0,82

Besser und von einiger Bedeutung sind schließlich die Laugenauszüge. In unserem Fall sind sie nach einer etwas langwierigen Methode (MONTOULIAK) gemacht. Die Laugenauszüge (0,5% NaOH) zeigen deutliche Unterschiede in der Extinktion, vor allem je größer die Erträge (Ernterückstände) vorher waren und je längere Zeit der Boden diese Humifizierung vollziehen konnte. Der in unseren Versuchszylindern eingefüllte Boden war zweifellos vorher nach geologischer Nomenklatur ein humusarmes Gestein; was aber nach dieser Behandlung im Laufe der Jahre verblieben war, war ebenso zweifellos ein Boden. Während der reine Löß trocken gemörsert die typische gelbe Farbe wie die Konstanz des natürlichen Gesteins besaß, zeigte der Boden auf dem bewachsenen Löß in gleicher Einstichtiefe bis zu etwa 12 cm aber bereits die charakteristische graue Farbe des Humusbodens. Unter diesem Humusboden (Schwarzerde) lag das unveränderte Material Löß.

Dies alles gibt uns als Definition auch nur ein sicheres, induziertes Kriterium für den Boden oder für das Gestein, den Humusgehalt bzw. den Gehalt an N. Und der Begriff „Bodenfruchtbarkeit" liegt im wesentlichen in der Menge der abbaufähigen organischen Stickstoffverbindungen im Boden und der Schnelligkeit ihres Abbaues zu Ammoniak.

Zusammenfassung

In 14jährigen Dauerdüngungsversuchen auf reinem, humusfreiem Löß mit gestaffelten Stickstoffmengen wurden jährlich die Erntegewichte der Pflanzen ermittelt. Die im Boden entstandenen Humusgehalte (C und N) verhielten sich analog der Stickstoffdüngung und den Ernteerträgen.
Eine reine Mineraldüngung mit N vermag durch Förderung des Pflanzenwachstums den Boden in kurzer Zeit mit Humus und organischen Stoffen anzureichern.
Von den wichtigsten Nährstoffen der Pflanze wird Phosphor verschieden gebunden und Kalium sorbiert. Für den Stickstoff trifft vor allem zu, daß er seine Formen ständig ändert und dadurch die Vielfalt seiner Wirkung auch für die Bodenbildung beweist.

Резюме

В 14-летних опытах по удобрению чистого безгумусного лесса дифференцированными дачами азота определяли ежегодно вес собранных растений. Образовавшиеся в почве количества гумуса (углерода и азота) изменялись аналогично азотному удобрению и величине урожая.
Чистое азотное минеральное удобрение, стимулируя рост растений, может за короткий срок обогатить почву гумусом и органическими веществами.
Из важнейших питательных веществ растения фосфор по-разному связывается, а калий поглощается. Что касается азота, то он постоянно меняет свои формы и этим доказывает свое многообразное действие также на почвообразование.

Summary

The harvest weights of the plants were recorded annually in 14 years continued fertilization tests on pure, humus-free loess with graded nitrogen quantities. The humus contents (C and N) which had developed in the soil were found to be analogous to the nitrogen fertilization and the harvest yields.
A pure mineral fertilization by means of nitrogen may enrich the soil with humus and organic matter due to promoted plant growth, within a short period.
In regard to the most important nutriments of the plant, it must be established that phosphorus is differently bound while potassium is sorbed. Nitrogen would continuously change its forms, thus giving evidence to its variable effects to soil formation.

Literatur

Michael, G.: Untersuchungen über die Veränderungen eines leichten Sandbodens unter dem Einfluß von organischer und mineralischer Düngung. Z. Pflanzenernähr., Düng., Bodenkde. 38 (1947), S. 239—249

Montouliak, G.: Zur Charakterisierung der organischen Bodensubstanz in mitteldeutschen Ackerböden. Kühn-Arch. 72 (1958), S. 77—169

Schmalfuss, K.: Siebzig Jahre „Ewiger Roggenbau". Kühn-Arch. 63 (1950), S. 1—14

Schmalfuss, K.: Fragen der organischen Düngung. Sitz.-Ber. Dt. Akad. Landwirtsch.-Wiss. Berlin 7 (1958), Nr. 3, S. 1—24

Schmalfuss, K.: Mineraldüngung, Pflanzenertrag und organische Bodensubstanz. Z. Pflanzenernähr., Düng., Bodenkde. 90 (1960), S. 50—58

Aus dem Institut für Acker- und Pflanzenbau Müncheberg
der Deutschen Akademie der Landwirtschaftswissenschaften zu Berlin
(Direktor: Prof. Dr. agr. habil. E. Rübensam)

Anton Kullmann

Über die Wasserbeständigkeit der Bodenkrümel, besonders in Abhängigkeit von Zeit und Bodenfeuchtigkeit[1]

II. Mitteilung: Über die Veränderungen der stabilen Krümelanteile in Abhängigkeit von der Bodenfeuchtigkeit

Eingegangen: 9. 10. 1963

1. Einleitung

Da eine signifikante Abhängigkeit der Krümelanteile von der Zeit nachweisbar ist (siehe I. Mitt.), liegt zwangsläufig die Frage nach den Ursachen auf der Hand. Derartige Veränderungen können durch den Faktor Zeit nicht direkt bewirkt werden, wohl aber durch Faktoren, welche sich mit der Zeit ändern. Bei einem derartigen Objekt, wie der Ackerkrume des Bodens, ist auch nicht anzunehmen, daß diese Veränderungen nur durch die Wirkung eines Faktors erklärt werden können. Selbst wenn die Einzelkräfte zu Kräftegruppen, wie Klima, Boden, Pflanze und Bewirtschaftung, zusammengefaßt werden, gelingt eine erschöpfende kausale Deutung dieser Veränderungen bislang kaum, da zwischen den Kräftegruppen enge Wechselbeziehungen bestehen. Immerhin könnten möglicherweise aus einer vergleichenden Betrachtung der Resultate mehrerer Standorte zu einzelnen Terminen und im gesamten Kurvenverlauf bereits Vorstellungen über die Wirksamkeit dieser oder jener Kräftegruppen resultieren.

Nach Wichtmann (1955a), Tjulin (1957), Panabokke und Quirk (1957), Czeratzki (1958), Koitzsch und Kullmann (1959) u. a. variieren die ermittelten Anteile stabiler Krümel besonders in Abhängigkeit vom Witterungsverlauf, der annähernd durch die Bodenfeuchtigkeit charakterisiert werden kann, und zwar nimmt mit steigendem Feuchtigkeitsgehalt der Anteil wasserbeständiger Krümel zu (Koepf, 1959; Schaffer, 1961 u. a.). Gliemeroth (1949) dagegen beschreibt diese Abhängigkeit durch parabelförmige Regressionslinien, während nach Kullmann und Koitzsch (1956) sowie Ebert (1957) ein negativer Zusammenhang vorliegt. Somit erhebt sich die Frage, ob die sich widersprechenden Beobachtungen durch die Bodenart oder durch die Versuchsanstellung bedingt werden.

Aus diesem Grunde müssen wir die Untersuchungsergebnisse von verschiedenen Standorten vergleichend betrachten und — bezüglich eines möglichen Einflusses

[1] vgl. I. Mitt. in dieser Zeitschrift 8 (1964), H. 10, S. 741–760.

der Versuchsanstellung — von folgender Überlegung ausgehen: Wenn beispielsweise die zu einem Termin entnommenen Proben schrittweise getrocknet (SILLANPÄÄ, 1959) oder nach Trocknung schrittweise wieder befeuchtet (KOEPF, 1959) werden, wird stillschweigend vorausgesetzt, daß die Trocknungs- und Befeuchtungsprozesse im Labor in gleicher Weise wie im Freiland verlaufen. Nur unter dieser Voraussetzung wäre es möglich, mit getrockneten Proben den im Augenblick der Probenentnahme vorliegenden Strukturzustand zu erfassen, den gesuchten Zusammenhang auch anhand der im Labor getrockneten Proben bestimmen und die hierbei aufgefundenen Ergebnisse verallgemeinern zu können. Darum wird es erforderlich sein, zunächst einmal den Krümelanteil aus den zu zahlreichen Terminen entnommenen und beim natürlichen Feuchtigkeitsgehalt des Bodens untersuchten Proben zu bestimmen und dessen Zusammenhang mit der Bodenfeuchtigkeit zu betrachten.

Da bei der Versuchsauswertung dieser Feuchtigkeitseinfluß berücksichtigt werden muß (III. Mitt.), würde es eine wesentliche Arbeitserleichterung bedeuten, wenn mit einer konstant großen Abhängigkeit der Krümelanteile von der Bodenfeuchtigkeit gerechnet werden könnte, welche möglicherweise aus zahlreichen Messungen während eines längeren Untersuchungszeitraumes von einer Versuchsfläche bestimmt worden ist. Deshalb erscheint es notwendig zu prüfen, ob der Feuchtigkeitsgehalt unterschiedlich auf die mit den einzelnen Methoden erfaßbaren Krümelgruppen einwirkt und inwieweit je nach der Tiefe der Probenentnahme und je nach der Aggregatgröße das Abhängigkeitsverhältnis beeinflußt wird. Da weiterhin die Veränderungen der Bodenfeuchtigkeit mit dem Witterungsverlauf in Zusammenhang stehen, müßten Differenzen (in der Größe des Zusammenhanges zwischen Krümelanteil und Bodenfeuchtigkeit) zwischen den aufeinanderfolgenden Jahren, möglicherweise auch zwischen den Jahreszeiten und vor allen Dingen zwischen den Standorten (weil hier noch die Unterschiede in der Korngrößenzusammensetzung, in der Menge und Art der Kolloide, in der chemischen Beschaffenheit der die Krümel verkittenden Substanzen usw. hinzukommen) nachweisbar sein.

2. Gegenüberstellung der Untersuchungsergebnisse mehrerer Standorte

Versuch 2.1.

(siehe I. Mitt. Versuchsfläche 2.1.2., Versuchsanstellung 3.5.1., Methoden 4.1., 4.3.2., 4.3.3., 4.3.4., vgl. Versuch 5.1.—b)

Versuch 2.2.

(siehe I. Mitt. Versuchsfläche 2.3.3., Versuchsanstellung 3.5.2., Methoden 4.1., 4.3.2., 4.3.3., 4.3.4., vgl. Versuch 5.1.—c)

Stellen wir die mit dem Schallwäscherverfahren (schon.) ermittelten Ergebnisse der beiden Versuche gegenüber, so ergibt sich nach Abbildung 1 (mittleres Kurvenpaar) und bei der statistischen Auswertung nach der Differenzmethode für die Proben aus Wollup eine signifikante Überlegenheit ($t = 10{,}450$ und $t_{0,1\%;25} = 3{,}725$).

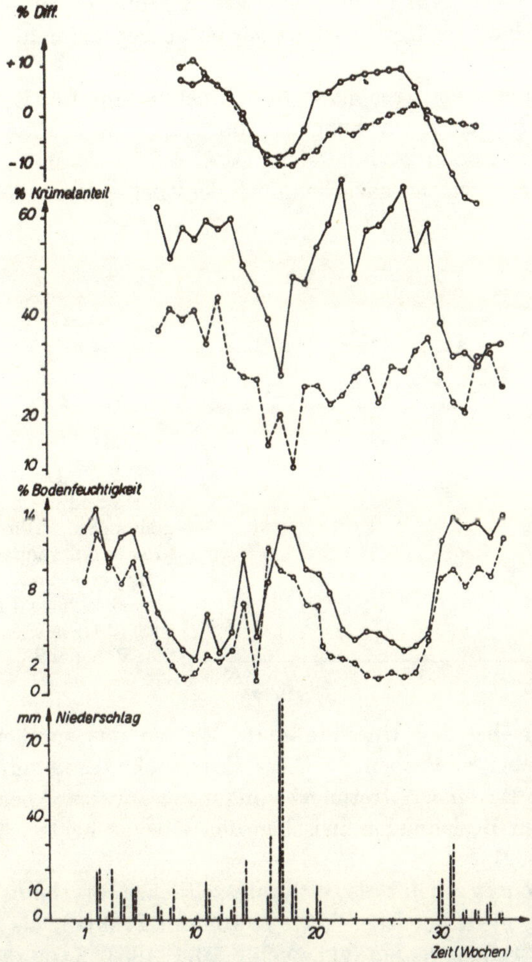

Abb. 1: Niederschläge (Säulendarstellung), Bodenfeuchtigkeiten (unteres Kurvenpaar), mit dem Schallwäscherverfahren (schon.) ermittelte Krümelanteile >1 mm (mittleres Kurvenpaar) und die berechneten gleitenden Durchschnitte der Abweichungen jedes einzelnen Wertes vom Versuchsmittel (oberes Kurvenpaar) in Abhängigkeit von der Zeit. Unterbrochene Linie: Versuch 2.1., ausgezogene Linie: Versuch 2.2.

Bewirtschaftungsmaßnahmen können als mögliche Ursachen für diese Differenzierung unberücksichtigt bleiben, da seit Jahren diese beiden Flächen nicht bearbeitet und lediglich mit Mineraldünger versorgt wurden. Weiterhin dürfte einem Einfluß durch den Vegetationsbestand (seit mehreren Jahren perennierende Futterpflanzen) keine allzu große Bedeutung für die aufgefundenen Differenzen beizumessen sein. Wohl aber unterscheiden sich die Böden beider Standorte sehr beträchtlich (siehe I. Mitt. Tabelle 1) im Gehalt an Ton und organischer Substanz. Aus Abbildung 1 (mittleres und oberes Kurvenpaar) ist aber weiterhin ersichtlich, daß trotz der unterschiedlichen Bodenverhältnisse Übereinstimmungen im Kurvenverlauf vorliegen. Bis zum 17. Termin ist der Verlauf der Kurven auf beiden Standorten identisch. Im folgenden Untersuchungsabschnitt bis zum 27. bzw. 28. Termin ist wieder eine Zunahme der stabilen Krümelanteile nachweisbar, doch erfolgt in Wollup dieser erneute Anstieg schneller und führt bis auf ein 2. Maximum, das die Höhe des ersten Maximums — im Gegensatz zu Müncheberg — erreicht. Der sich anschließende Abfall im Herbst ist wiederum ausgeprägter für die Wolluper Proben gewesen.

Auch bei Gegenüberstellung der Ergebnisse des Tauchverfahrens (KULLMANN, 1962) und der Durchlässigkeitsuntersuchungen (Abb. 2) ist eine gewisse Ähnlichkeit im Verlauf der Kurven eindeutig vorhanden. Da diese Untersuchungen 6 Termine früher begonnen haben, ist hier natürlich auch der Anstieg zum 1. Maximum

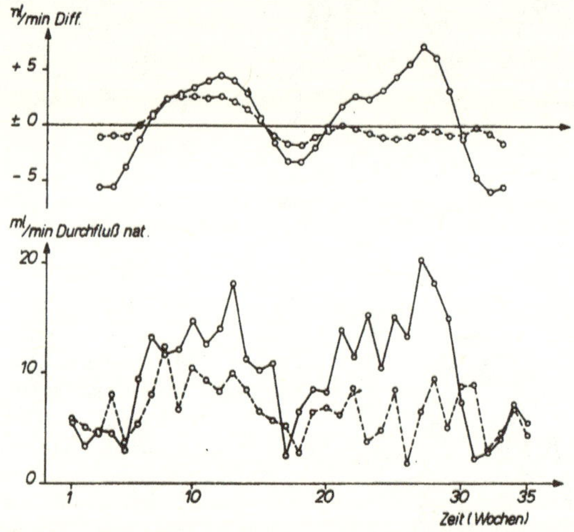

Abb. 2: Durchfluß(nat.)-Werte und die berechneten gleitenden Durchschnitte (oberes Kurvenpaar) in Abhängigkeit von der Zeit. Unterbrochene Linie: Versuch 2.1., ausgezogene Linie: Versuch 2.2.

zu finden, allerdings fehlt bei den Durchfluß(nat.)-Werten das spätherbstliche Maximum für die Müncheberger Proben. — Diese Untersuchungen stammen aus dem Jahre 1959, das sehr extreme Witterungsbedingungen aufwies. Aber auch in den anderen Jahren waren Beziehungen zwischen den Kurven beider Standorte zu finden (KULLMANN, 1962).

Unabhängig von der Bodenart scheint also ein jahreszeitlicher Rhythmus im Verlauf der Kurven vorzuliegen, da niedrige Werte sowohl im Frühjahr als auch bei Eintritt des Winters angetroffen werden (vgl. auch KÄMPF, 1953; ZACHARTSCHENKO, 1956; EBERT, 1958; WERSCHININ, 1958; HARTGE, 1958; KULLMANN, 1958; KOITZSCH und KULLMANN, 1959). Weiterhin kann allgemein die Tendenz zunehmender Krümelanteile vom Frühjahr zum Sommer (KULLMANN, 1959) als jahreszeitlicher Rhythmus angesprochen werden. Sie dürfte nach unseren Erfahrungen sehr häufig, wenn auch nicht in jedem Jahr so ausgeprägt sein und ist wahrscheinlich mit der intensiven Pflanzenentwicklung in diesem Zeitabschnitt und dem Einsetzen einer starken Mikrobentätigkeit (vgl. MÜLLER, 1955—1956; BURRICHTER, 1958; SEIFERT, 1960; AMBROZ, 1960) in Verbindung zu bringen.

Außerdem dürften für die übereinstimmenden Tendenzen im Kurvenverlauf, und zwar für die Schwankungen innerhalb nicht allzu großer Zeitabschnitte, die annähernd gleichen klimatischen Bedingungen auf beiden Standorten maßgebend sein[2]. Diese Witterungsfaktoren können teils direkt (z. B. durch Niederschläge,

[2] Die Entfernung zwischen Müncheberg und Wollup beträgt etwa 25 km Luftlinie. Weitere Daten siehe I. Mitt. Tabelle 1.

Kälte usw.) auf die Stabilität der Krümel einwirken, teils indirekt durch Beeinflussung der physikalischen und chemischen, besonders aber der biologischen Vorgänge im Boden, die ihrerseits wieder auf die Förderung bzw. Minderung der stabilen Krümelanteile wirksam sind. Allerdings scheint sich — neben geringfügigen Unterschieden im Witterungsverlauf — der Witterungseinfluß mit unterschiedlicher Intensität je nach der Jahreszeit auf den beiden Standorten direkt oder indirekt ausgewirkt zu haben, da die Differenzen zwischen den Kurven von Termin zu Termin bzw. von Untersuchungsabschnitt zu Untersuchungsabschnitt nicht konstant sind (z. B. in Abb. 1).
Demnach ist zu erwarten, daß kaum übereinstimmende Tendenzen — abgesehen vom jahreszeitlichen Rhythmus — im Verlauf der Kurven aufzufinden sind, wenn die klimatischen Bedingungen zwischen den zu vergleichenden Standorten differieren (siehe die bei KULLMANN, 1962, angeführten Beispiele).

3. Über den Einfluß des im Laufe des Jahres wechselnden Bodenfeuchtigkeitsgehaltes auf die Anteile stabiler Krümel in den im naturfeuchten Zustand untersuchten Bodenproben

3.1. Die Abhängigkeit der Krümelanteile von der Bodenfeuchtigkeit bei täglichen Untersuchungen

Versuch 3.1.1.
(siehe I. Mitt. Versuchsfläche 2.1.2., Versuchsanstellung 3.6.2., Methoden 4.1., 4.3.2., vgl. Ausführungen im Versuch 5.1.—a)

Die Abhängigkeit der Krümelanteile von der Bodenfeuchtigkeit (Abb. 3) läßt sich durch eine lineare Regression[3] beschreiben, deren Gleichung lautet:

$$Y = 28{,}10 - 1{,}802x$$

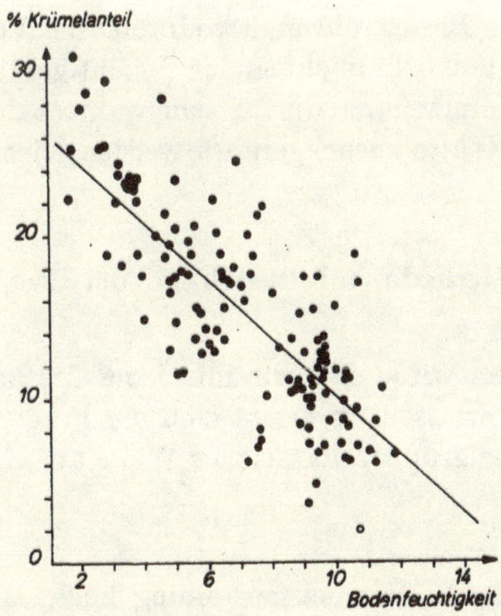

Abb. 3: Mit dem Tauchverfahren ermittelter Krümelanteil (> 2 mm Äquiv.- Durchmesser) in Abhängigkeit von der Bodenfeuchtigkeit (Versuchsfläche 2.1.2., siehe I. Mitt.)

[3] Herrn Dr. R. KOITZSCH sei für die Beratungen bei Fragen der biostatistischen Auswertung des Untersuchungsmaterials besonders herzlich gedankt. — Bezüglich der Auswertungsverfahren siehe LINDER (1951).

Der Regressionskoeffizient b = −1,802 ist gesichert von Null verschieden (t = = 14,832 und $t_{0,1\%;135}$ = 3,361) und drückt aus, daß mit Zunahme des Feuchtigkeitsgehaltes um 1% die Krümelanteile um b vermindert werden. Für die Bestimmtheit erhalten wir B = 0,62; demnach lassen sich 62% der Streuung des Krümelanteils aus Veränderungen der Bodenfeuchtigkeit durch lineare Regression erklären. Dieses Ergebnis steht im Widerspruch zu einigen in der Literatur (SEKERA und BRUNNER, 1943; MCHENRY und RUSSEL, 1944; GLIEMEROTH, 1949; WICHTMANN, 1955b; KOEPF, 1959; SCHAFFER, 1961) aufzufindenden Berichten, wonach mit steigender Bodenfeuchtigkeit der Anteil wasserbeständiger Krümel linear oder kurvilinear zunimmt; wir werden hierauf in Abschnitt 3.6. und in der III. Mitt. zurückkommen.

Wenn nur die Schwankungen der Bodenfeuchtigkeit die Veränderungen der Krümelanteile bedingen, dann müßte die Streuung um die Regressionsgrade durch die Fehlerstreuung erklärbar sein. Es ist aber zu vermuten, und wir werden in der III. Mitt. den Beweis erbringen, daß die zeitlichen Veränderungen der Krümelanteile nicht nur durch die Bodenfeuchtigkeit, sondern auch noch durch andere Kräfte bzw. Kräftegruppen beeinflußt werden. Es darf hierbei nicht unerwähnt bleiben, daß diese bei der linearen Regressionsanalyse nicht berücksichtigten Faktoren auf die Größe sowohl des Regressionskoeffizienten als auch der Streuung um die Regressionsgerade einzuwirken vermögen. Diesen Umstand könnte man mit dem Verfahren der mehrfachen Regression begegnen, jedoch sind z. Z. noch nicht sicher diejenigen Faktoren bekannt, die berücksichtigt werden müßten. Wir wollen uns daher zunächst auf Betrachtungen der angeführten linearen Regressionen beschränken.
Außerdem sei noch darauf hingewiesen, daß der Regressionskoeffizient nur für den Feuchtigkeitsbereich, in dem die Messungen liegen, Gültigkeit besitzt. Demnach wäre es bei Messung der Krümelanteile bei sehr niedrigem bzw. sehr hohem Feuchtigkeitsgehalt fraglich, ob der Zusammenhang dann noch durch lineare Regression charakterisiert werden kann. Wie aus mehrjährigen Beobachtungen hervorgeht, wird der Feuchtigkeitsbereich von etwa 1,5–12% auf dieser Versuchsfläche kaum unter- bzw. überschritten. Wir können also mit Recht den Zusammenhang zwischen den beiden Meßgrößen durch eine lineare Regressionsgerade beschreiben, da wir uns in dieser Abhandlung nur für die auf dem Felde vorgehenden Veränderungen der Krümelanteile in Abhängigkeit von der Bodenfeuchtigkeit interessieren.

Die Versuchsanstellung gestattet keine Beweisführung, wodurch eine Verminderung im wasserbeständigen Krümelanteil bei zunehmender Feuchtigkeit hervorgerufen wird. Der aufgefundene Zusammenhang dürfte sehr wahrscheinlich auf das Zusammenwirken verschiedener Kräfte zurückgeführt werden (siehe KULLMANN, 1962).

3.2. Einfluß der angewendeten Methode auf die Größe der Regressionskoeffizienten

Wenn von dem Gedanken ausgegangen wird, daß wir mit jeder Methode eine andere Gruppe von stabilen Krümeln erfassen, so ergibt sich die Frage, ob sich der Feuchtigkeitseinfluß auf alle Krümelgruppen in gleicher Weise auswirkt oder nicht.

Versuch 3.2.1.

(siehe I. Mitt. Versuchsfläche 2.1.2., Versuchsanstellung 3.6.2., Methoden 4.1., 4.3.2., 4.3.3., vgl. Versuch 5.1.–a, Untersuchungszeitraum jedoch nur 1.7.–15. 10. 1960)

Versuch 3.2.2.
(siehe I. Mitt. Versuchsfläche 2.1.2., Versuchsanstellung 3.5.1., Methoden 4.1., 4.3.2., 4.3.3., 4.3.4., vgl. Versuch 5.1.—b)

Versuch 3.2.3.
(siehe I. Mitt. Versuchsfläche 2.3.3., Versuchsanstellung 3.5.2., Methoden 4.1., 4.3.2., 4.3.3., 4.3.4., vgl. Versuch 5.1.—c)

Auf Grund der signifikanten, negativen Regressionskoeffizienten (KULLMANN, 1962) liegt ein Einfluß der Bodenfeuchtigkeit auf die ermittelten Krümelanteile von Proben aus 0—10 cm Tiefe wie in Abschnitt 3.1. vor. Die Differenzen zwischen den Regressionskoeffizienten der mit der Schallwäscher- und Tauchmethode ermittelten Ergebnisse sind für alle 3 Versuche nicht signifikant. Der Feuchtigkeitseinfluß auf die gemessenen Krümelanteile ist also unabhängig von der angewendeten Methode bzw. wirkt sich in gleicher Weise auf die mit den einzelnen Verfahren ermittelten Gruppen wasserbeständiger Krümel aus.

Auf dem Müncheberger Standort ergibt sich bei Gegenüberstellung dieser direkten Methoden mit dem Durchfluß(nat.)-Verfahren ebenfalls keine signifikante Differenz zwischen den Regressionskoeffizienten. Da die Durchlässigkeit natürlich gelagerten Bodens von dem Porenvolumen abhängt, müßte also zwischen diesen beiden Größen ein positiver Zusammenhang existieren. Berechnen wir den Regressionskoeffizienten, finden wir für $b = 0{,}461^{++}$; mit zunehmender Porosität steigt also auch die Durchlässigkeit und umgekehrt. Da weiterhin die Porositätswerte mit steigendem Wassergehalt abnehmen — wie auch die Durchfluß (nat.)-Werte und wasserbeständigen Krümelanteile —, nehmen wir an, daß die Verminderung im Porenvolumen zumindest teilweise auf die verschlämmten Aggregate zurückzuführen ist, welche die Poren verstopfen und so den Durchfluß hemmen.

Auf dem tonreicheren Boden in Wollup dagegen ergibt sich bei entsprechender Gegenüberstellung der Methoden eine statistisch gesicherte Differenz zwischen den Regressionskoeffizienten. Außerdem ist die positive Abhängigkeit der Durchfluß-(nat.)-Werte vom Porenvolumen ($b = 1{,}090^{+++}$) wesentlich enger und signifikant von dem für die Müncheberger Versuchsfläche verschieden ($t = 3{,}183$ und[4] $t'_{1\%} = 2{,}750$); desgleichen ist der Zusammenhang zwischen Porenvolumen und Bodenfeuchtigkeit enger. Weil auch der Regressionskoeffizient für die Abhängigkeit der Durchfluß(nat.)-Werte von der Bodenfeuchtigkeit signifikant größer ist als der gemeinsame für die nach den beiden direkten Methoden ermittelten Ergebnisse, nehmen wir an, daß hier nicht nur die verschlämmten Aggregate das Porenvolumen und damit die Durchlässigkeit vermindert haben, sondern auch durch Quellungsvorgänge ein Einfluß ausgeübt worden ist (vgl. I. Mitt. Abschnitt 4.3.4.).

3.3. Einfluß der Entnahmetiefe von Bodenproben auf die Größe der Regressionskoeffizienten

In diesem Zusammenhang sollen die Differenzen im stabilen Krümelanteil nicht zwischen den genetischen Bodenhorizonten, sondern zwischen zwei Entnahme-

[4] Da die Streuungen als signifikant verschieden anzusehen sind, ist der t'-Test nach COCHRAN und COX (1950) angewendet worden.

tiefen innerhalb der Ackerkrume betrachtet werden. Obwohl keine Unterschiede in der texturellen sowie anorganisch- und organisch-chemischen Zusammensetzung in diesem A_p-Horizont zu erwarten sind, könnten doch unterschiedliche physikalische und biologische Faktoren in den beiden Bodentiefen Differenzen im Krümelanteil bedingen bzw. auch auf das Abhängigkeitsverhältnis der Krümelanteile von der Bodenfeuchtigkeit einwirken.

Die Resultate zeigen (KULLMANN, 1962), daß die Mittelwerte für die Proben aus 0—10 cm Tiefe signifikant denen aus 10—20 cm Tiefe mit einer Ausnahme überlegen sind. Da die mittleren Bodenfeuchtigkeitsgehalte sich nur unwesentlich unterscheiden, müssen für diese Differenzen andere Ursachen — möglicherweise biologische Faktoren — in Frage kommen. Doch sind diese Kräfte nicht von Einfluß auf die Abhängigkeit der stabilen Krümel von der Bodenfeuchtigkeit gewesen, da — wiederum mit einer Ausnahme — die Differenzen zwischen den Regressionskoeffizienten beider Bodentiefen nicht signifikant sind.

3.4. Einfluß der Aggregatgröße auf das Abhängigkeitsverhältnis der Krümelanteile von der Bodenfeuchtigkeit

Versuch 3.4.1.
(siehe I. Mitt. Versuchsfläche 2.1.2., Versuchsanstellung 3.6.2., Methoden 4.1., 4.3.2., vgl. Versuch 5.1.—a und II. Mitt. Versuch 3.2.1., Untersuchungszeitraum 1. 7.—15. 10. 1960)

Versuch 3.4.2.
(siehe I. Mitt. Versuchsfläche 2.1.2., Versuchsanstellung 3.5.1., Methoden 4.1., 4.3.2., vgl. Versuch 5.1.—b)

Versuch 3.4.3.
(siehe I. Mitt. Versuchsfläche 2.3.3., Versuchsanstellung 3.5.2., Methoden 4.1., 4.3.2., vgl. Versuch 5.1.—c)

Tabelle 1

Lineare Regression — quadratische Regressionsanteile nicht gesichert

Versuch	Entnahmetiefe cm	Fraktion mm	FG	B	b	Sich.	b'-b''	t	t'5%
3.4.1.	0—10	1—2	89	0,36	—0,528	+++	1,548	7,883	1,987
		>2	89	0,59	—2,076	+++			
3.4.2.	0—10	1—2	33	0,22	—0,176	++	0,282	1,081	2,030
		>2	33	0,09	—0,458	—			
	10—20	1—2	33	0,41	—0,279	+++	0,679	2,912	2,030
		>2	33	0,36	—0,958	+++			
3.4.3.	0—10	>2	33	0,29	—1,105	+++			
	10—20	>2	33	0,31	—0,869	+++			

* b' = Regressionskoeffizient für 1—2 mm
b'' = Regressionskoeffizient für >2 mm

Tabelle 2

Quadratische Regressionsanteile gesichert

Versuch	Fraktion mm	Entnahmetiefe cm	quadr. RA	DQ Fehler	F	$F_{1\%}$
3.4.3.	1–2	0–10	18,68	2,266	8,245	7,563
		10–20	41,44	3,508	11,809	7,563

Sowohl in der Fraktion 1–2 mm als auch in der >2 mm besteht demnach in allen 3 Versuchen – mit einer Ausnahme – eine signifikante Abhängigkeit der Krümelanteile von der Bodenfeuchtigkeit. Dieser Zusammenhang läßt sich bei den Wolluper Proben für die Fraktion 1–2 mm durch kurvilineare und für die anderen Versuchsreihen durch lineare Regressionslinien charakterisieren, wobei für die Müncheberger Proben die Fraktion >2 mm (mit einer Ausnahme) die signifikant größeren Regressionskoeffizienten aufwies; die Krümelverschlämmung nimmt also in dieser Fraktion mit steigendem Feuchtigkeitsgehalt stärker zu.

Wenn die Fraktionen unterschiedlich auf den Feuchtigkeitseinfluß reagieren, müßte das auch bei Betrachtung der Krümelanteile in Abhängigkeit von der Zeit zum Ausdruck kommen. Nach Abbildung 4 ist zunächst einmal der Anteil der Fraktion >2 mm eindeutig dem von 1–2 mm überlegen, was auch mit den Re-

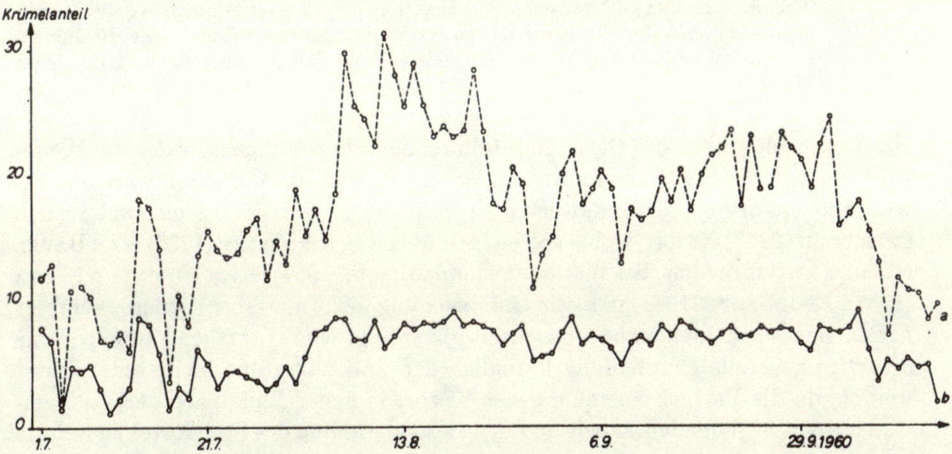

Abb. 4: Mit dem Tauchverfahren ermittelte Krümelanteile von >2 mm („a“) und 1–2 mm („b“) Äquiv.-Durchmesser in Abhängigkeit von der Zeit (Versuchsfläche 2.1.2., siehe I. Mitt.)

sultaten von Wichtmann (1955b) in Einklang steht. Dvoracsek und Dvoracsek (1956) führen dieses Verhalten darauf zurück, daß mit zunehmender Krümelgröße die Wasserbeständigkeit infolge der Abnahme der relativen Krümeloberfläche wächst, während Kawaguchi und Kita (1957) die Unterschiede im Krümelanteil zwischen den einzelnen Fraktionen mit der chemischen Zusammensetzung in

Verbindung bringen. Da weiterhin nach Tabelle 1 die Regressionskoeffizienten der beiden Fraktionen signifikant verschieden sind, ist somit eine Erklärung für die signifikanten Veränderungen der Differenzen zwischen beiden Fraktionen in Abhängigkeit von der Zeit erbracht (r = 0,350, u = 7,582). Wie aus Abbildung 5 ersichtlich ist, finden wir große Differenzen bei niedriger Feuchtigkeit und umgekehrt; ein entsprechendes Ergebnis trifft auch für Versuch 3.4.2. zu (vgl. auch CZERATZKI, 1957).

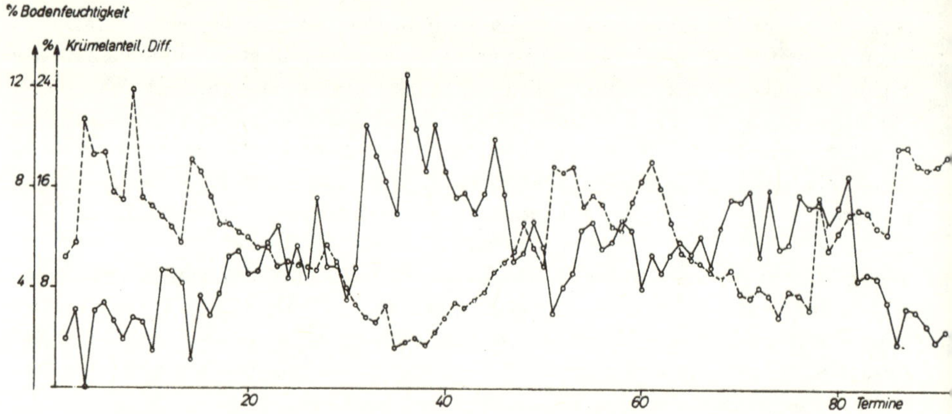

Abb. 5: Differenz „d" zwischen den Fraktionen 1—2 und >2 mm Äquiv.-Durchmesser der mit dem Tauchverfahren ermittelten Krümelanteile sowie die Bodenfeuchtigkeitsgehalte „a" in Abhängigkeit von der Zeit (Versuchsfläche 2.1.2., siehe I. Mitt.)

Hieraus resultiert für die Gegenüberstellung mehrerer Versuchsglieder die Forderung, nur gleiche Fraktionen miteinander zu vergleichen. Außerdem wäre die Anwendung engbegrenzter Fraktionen zu empfehlen, wie sie beispielsweise auch CZERATZKI (1957) fordert, wobei von einigen Autoren, wie YODER (1936), VAN BAVEL (1950), SAWWINOW (zit. bei WOROBJEW und Mitarb., 1951), KAWAGUCHI und KITA (1957), FEODOROFF (1961) u. a. die Untersuchung nicht nur einer sondern mehrerer Fraktionen (nacheinander oder gleichzeitig) verlangt wird. Letztlich kann aber eine derartige generelle Empfehlung bezüglich der Fraktionsgröße nicht unterbreitet werden, da die Versuchsanstellung sich hierbei in erster Linie nach der Problemstellung der betreffenden Arbeit und den Besonderheiten des Standortes zu richten hat.

3.5. Über die Wasserbeständigkeit der zuvor durch Trockensiebung abgetrennten Krümel als Funktion der Bodenfeuchtigkeit

Für die in den Abschnitten 2 bis 3.4. besprochenen Versuchsergebnisse ist stets der gesamte Boden im naturfeuchten Zustand untersucht worden. Der Meßvorgang wird hierbei durch die bereits — vor der Stabilitätsmessung vorliegenden — Elementarteilchen, Mikro- und Makroaggregate belastet, deren Anteile für die Ermittlung der wasserbeständigen Krümelmengen ohne Bedeutung sind. Es liegt daher nahe, an eine Trockensiebung des naturfeuchten Bodens zu denken und zur Stabilitätsmessung nur die ausgesiebten Aggregate einer Fraktionsgröße zu verwenden.

Wie von KULLMANN und KOITZSCH (1956) im einzelnen dargelegt worden ist, können die Aggregate der im naturfeuchten Zustand ausgesiebten Proben keinesfalls für Durchlässigkeitsbestimmungen (siehe I. Mitt. 4.3.4.) herangezogen werden, da im ausgesiebten Mesoaggregatanteil 1—2 mm neben „echten" Krümeln auch durch Kapillarkräfte zusammengehaltene Pseudokrümel vorhanden sind. Wird nun eine Aggregatprobe, die aus „echten" und „scheinbaren" Krümeln besteht, kapillar befeuchtet und dann überstaut, wie es für die Vorbereitung der Probe zur Durchflußmessung notwendig ist, so verschwinden die Kapillarkräfte, und die Pseudokrümel zerfallen bereits während des Anstauens, und zwar um so mehr, je höher der Anteil an Pseudokrümeln ist. Diese verschlämmten Pseudokrümel verstopfen die Poren zwischen den Aggregaten und vermindern somit den Durchflußwert, weshalb die Durchflußwerte bei höheren Bodenfeuchtigkeiten zu niedrig liegen. Die Änderungen der gemessenen Durchflußwerte spiegeln somit nicht real die Änderungen der Stabilitätswerte im Laufe der Vegetationsperiode wider.

Wohl lassen sich mit direkten Methoden die wahren Krümelanteile (siehe I. Mitt. 4.3.1.) naturfeucht ausgesiebter Proben bestimmen, da hierbei der Einfluß des Pseudokrümelanteiles nicht in das Meßergebnis eingeht, doch ist trotzdem keine Trockensiebung naturfeuchten Bodens zu empfehlen; denn bei höheren Feuchtigkeitsgehalten des Bodens bilden sich während des Siebens oberflächlich verschmierte Formlinge bzw. ist kein Siebeffekt mehr zu verzeichnen.

3.6. Zu den Differenzen zwischen den Regressionskoeffizienten der einzelnen Versuchsflächen

Im Abschnitt 2. sind die eindeutigen Unterschiede zwischen den auf den einzelnen Versuchsflächen ermittelten wasserbeständigen Krümelanteilen unter Hinweis auf die unterschiedlichen Bodenverhältnisse erklärt worden. Darüber hinaus zeigt sich, daß auch die Differenzen der mit dem Schallwäscher- und Durchfluß(nat.)-Verfahren ermittelten Regressionskoeffizienten zwischen den beiden Standorten signifikant verschieden sind, jedoch nicht für die mit dem Tauchverfahren ermittelten (KULLMANN, 1962).

Versuch 3.6.1.

(siehe I. Mitt. Versuchsfläche 2.1.1., und 2.2.1. 2.2.2., 2.3.1. und 2.3.2., 2.4.1. und 2.4.2., 2.4.3. und 2.4.4., Versuchsanstellung 3.3.1., 3.3.2., 3.3.3., 3.3.4., 3.3.5., Methoden 4.1., 4.3.4.)

Vom Frühjahr bis Herbst wurden von 9 Versuchsflächen die Durchfluß(nat.)-Werte für die aus 0—10 cm Tiefe entnommenen Proben bestimmt. Aus den individuellen Regressionskoeffizienten der pflanzenbaulichen Varianten A und B (vgl. Versuchsfläche der letzten 4 Versuche) ist jeweils ein gemeinsamer berechnet worden, da die Differenzen zwischen beiden Varianten für jeweils einen Standort nicht signifikant gewesen sind. Außerdem wurden die x-Werte in prozentuale Abweichungen vom Gesamtmittel umgerechnet, um die Ergebnisse der verschiedenen Standorte miteinander vergleichen zu können.

Tabelle 3

Versuchs-anstellung	FG	B	b	t	$t_{5\%}$
331	43	0,48	−0,5096	6,242	2,014
332	28	0,40	−0,0164	4,324	2,048
333	28	0,61	−0,0752	6,618	2,048
334	28	0,08	0,0352	1,543	2,048
335	28	0,00	0,0044	0,276	2,048

Die Regressionskoeffizienten sind — ausgenommen für die beiden Hirschfelder Flächen — signifikant von Null verschieden, desgleichen die Differenzen zwischen den Regressionskoeffizienten der Versuchsanstellungen 3.3.1. und 3.3.2. sowie 3.3.2. und 3.3.3. der I. Mitt. Demnach kann behauptet werden, daß von Standort zu Standort unterschiedliche Mittelwerte (siehe Versuch 2.1.) und Regressionskoeffizienten erwartet werden können. Die unterschiedlichen Bodenverhältnisse sind zweifellos für die Veränderungen der Regressionskoeffizienten von Standort zu Standort verantwortlich, wie aus dem abweichenden Verhalten der Hirschfelder Proben (positive, wenn auch nicht signifikante Regressionskoeffizienten) besonders deutlich sichtbar ist. Diese Aussage wird noch durch ein umfangreicheres Untersuchungsmaterial aus dem Jahre 1961 bekräftigt.

Versuch 3.6.2.
(siehe I. Mitt. Versuchsfläche 2.4.5., 2.4.7., Versuchsanstellung 3.7.1., Methoden 4.1., 4.3.2.)

Die zweimal wöchentlich (zu 22 Terminen) aus 0—10 cm Tiefe entnommenen Proben von 4 Parzellen mit Kleegrasvorfrucht und 4 Parzellen ohne Kleegrasvorfrucht wurden sofort auf ihre Anteile wasserbeständiger Krümel nach dem Tauchverfahren untersucht.

Die in Abhängigkeit von der Bodenfeuchtigkeit eingetragenen Krümelanteile (Abb. 6) weisen einen signifikanten positiven Regressionskoeffizienten auf (b =

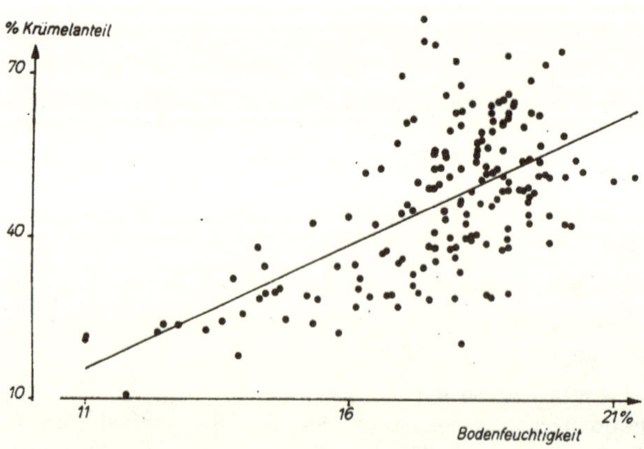

Abb. 6: Mit dem Tauchverfahren ermittelte Krümelanteile (> 1 mm Äquiv-Durchmesser) in Abhängigkeit von der Bodenfeuchtigkeit (Versuchsflächen 2.4.5. und 2.4.7., siehe I. Mitt.)

$= 4{,}552$, $t = 10{,}157$, $t_{0,1\%;176} = 3{,}346$); der quadratische Regressionsanteil ist nicht gesichert.

Da sämtliche Untersuchungen bei relativ hohen Bodenfeuchtigkeiten ausgeführt worden sind, können wir lediglich feststellen, daß mit steigender Bodenfeuchtigkeit die wasserbeständigen Krümelanteile zunehmen, was im Einklang mit den Ergebnissen bei SCHAFFER (1961) steht. Möglicherweise dürfte, wenn auch Messungen bei niedrigeren Feuchtigkeitsbereichen vorliegen würden, mit einem parabelförmigen Zusammenhang gerechnet werden, wie er beispielsweise von GLIEMEROTH (1949) für Lehmböden, wenn auch bei anderer Versuchsanstellung, aufgefunden worden ist. — Somit dürfte offensichtlich geworden sein, wie die Abhängigkeit der Krümelanteile von der Bodenfeuchtigkeit entscheidend durch die jeweiligen Standortsverhältnisse geprägt wird.

3.7. Über die von Jahr zu Jahr unterschiedlichen Regressionskoeffizienten

Die Bodenfeuchtigkeitsänderungen während der Vegetationsperiode werden sich je nach dem Witterungsablauf von Jahr zu Jahr anders gestalten. Dementsprechend ist zu erwarten, daß auch die Regressionskoeffizienten für die Abhängigkeit der Krümelanteile von der Bodenfeuchtigkeit in den einzelnen Jahren variieren.

Versuch 3.7.1.
(siehe I. Mitt. Versuchsfläche 2.1.1., Versuchsanstellungen 3.1., 3.2., 3.3.1., 3.4.2., Methoden 4.1., 4.3.4.)

Die im Verlauf von 4 Jahren aus 0—10 cm Tiefe entnommenen Proben wurden nach der Durchfluß(nat.)-Methode in mehreren Wiederholungen untersucht. Die Mittelwerte pro Untersuchungstermin wurden zur Berechnung der Regressionskoeffizienten herangezogen.

Tabelle 4

	FG	B	b	t		b'—b''	t	$t_{5\%}$
1955	21	0,00	—0,026	0,140	—			
1956	32	0,29	—0,424	3,601	++	} 0,342	2,007	1,992
1957	43	0,48	—0,767	6,242	+++			
1958	31	0,02	—0,110	0,767	—			

Nach Tabelle 4 liegen stets negative, jedoch nur für 1956 und 1957 signifikante Koeffizienten vor, zwischen denen eine statistisch gesicherte Differenz nachzuweisen ist. Desgleichen sind signifikante Differenzen zwischen den Regressionskoeffizienten für die Versuchsanstellungen 3.5.1. und 3.6.2. sowie 3.4.1. und 3.5.2. (siehe I. Mitt.) nachgewiesen worden (KULLMANN, 1962), wobei die Krümelanteile mit dem Schallwäscher- und Tauchverfahren bestimmt worden sind. Demnach kann auf ein und derselben Versuchsfläche der Zusammenhang zwischen den Krümeln und der Bodenfeuchtigkeit von Jahr zu Jahr variieren, womit erneut die Aussage bestätigt wird, daß einjährigen Untersuchungsergebnissen nur eine eingeschränkte Aussagekraft beizumessen ist.

3.8. Einfluß der Jahreszeit auf das Abhängigkeitsverhältnis zwischen Krümelanteil und Bodenfeuchtigkeit

Im Abschnitt 2. wurde auf einen jahreszeitlichen Rhythmus verwiesen, wonach im Frühjahr und bei Eintritt des Winters die niedrigsten Anteile wasserbeständiger Krümel angetroffen werden. Dementsprechend könnte auch der Bodenfeuchtigkeitseinfluß auf die Krümelanteile während der Wintermonate anders als im Sommer sein. Zur Gruppierung unserer Meßwerte wollen wir das Tagesmittel der Bodentemperatur der Versuchsflächen in 5 cm Tiefe wählen, wobei Temperaturen über 8 °C als Sommer, solche unter 8 °C als Winter bezeichnet werden, weil das hiesige langjährige Mittel der Lufttemperatur bei 8 °C liegt.

Versuch 3.8.1.
(siehe I. Mitt. Versuchsfläche 2.1.2., Versuchsanstellung 3.6.2., Methoden 4.1., 4.3.2., 4.3.3., vgl. Versuch 5.1.—a)

Versuch 3.8.2.
(siehe I. Mitt. Versuchsfläche 2.1.1., Versuchsanstellung 3.2., Methoden 4.1., 4.3.4.)

Versuch 3.8.3.
(siehe I. Mitt. Versuchsfläche 2.3.3., Versuchsanstellung 3.4.1., Methoden 4.1., 4.3.4.)

Versuch 3.8.4.
(siehe I. Mitt. Versuchsfläche 2.3.3., Versuchsanstellung 3.5.2., Methoden 4.1., 4.3.2., vgl. Versuch 5.1.—c unter Einbeziehung von 6 weiteren Untersuchungsterminen im Februar und März)

Tabelle 5

Versuch	Methode	Jahreszeit	Untersuchungsergebnisse vom	FG	b	Sich.
3.8.1.	Schallwäscher					
	(schon.)	S	1. 7.—15. 10. 1960	89	—1,934	+++
	>1 mm	W	16. 10.—16. 12. 1960	49	2,131	—
	Tauchverfahren					
	>1 mm	S	1. 7.—15. 10. 1960	89	—2,600	+++
		W	16. 10.—16. 12. 1960	49	—1,832	++
3.8.2.	Durchfluß (nat.)	S	11. 5.—25. 10. 1956	21	—8,493	+++
		W	5. 1.—3. 5. 1956 und	13	—4,101	—
			2. 11. 1956—28. 2. 1957			
3.8.3.	Durchfluß (nat.)	S	19. 5.—13. 10. 1958	20	—0,324	++
		W	14. 4.—12. 5. 1958 und			
			20. 10. 1958—16. 3. 1959	18	—0,253	—
3.8.4.	Tauchverfahren	S	11. 5.—19. 10. 1959	22	—1,079	+
	>1 mm	W	2. 2.—4. 5. und 26.			
			10.—30. 11. 1959	15	—0,860	—

Für die im Winter mit dem Tauchverfahren ermittelten Ergebnisse (Versuch 3.8.1.) ist der Regressionskoeffizient statistisch gesichert, der wohl kleiner, doch nicht signifikant von dem für die Sommerwerte verschieden ist ($t = 0{,}853$ und $t_{5\%} = 2{,}008$). Nur bei Anwendung dieses Verfahrens und auf dieser Versuchsfläche wird im Sommer wie im Winter ein gleicher Zusammenhang zwischen Krümelanteil und Bodenfeuchtigkeit aufgefunden. In allen anderen Versuchen sind die Regressionskoeffizienten der Sommerwerte stets negativ und signifikant von Null verschieden, während sich ein Bodenfeuchtigkeitseinfluß im Winter nicht nachweiläßt[5].

Werden nun aber die Sommer- und Winterwerte gemeinsam betrachtet und ausgewertet, dann müßte der Zusammenhang zwischen Krümelanteil und Bodenfeuchtigkeit durch kurvilineare Regression beschrieben werden, wie dies besonders deutlich für die mit dem Schallwäscherverfahren ermittelten Ergebnisse in Abbildung 7 zum Ausdruck kommt. Aus diesem abweichenden Verhalten der im Winter gemessenen Werte ist teilweise auch die unterschiedliche Einschätzung der zwischen den Methoden ermittelten Differenzen als Funktion der Zeit (siehe I. Mitt. Abschnitt 5.1.2.) zu erklären.

Im allgemeinen wird man jedoch die Strukturuntersuchungen nur während der Vegetationsperiode durchführen, so daß die linearen Regressionskoeffizienten zur Charakterisierung der Krümelanteile als Funktion der Bodenfeuchtigkeit genügen.

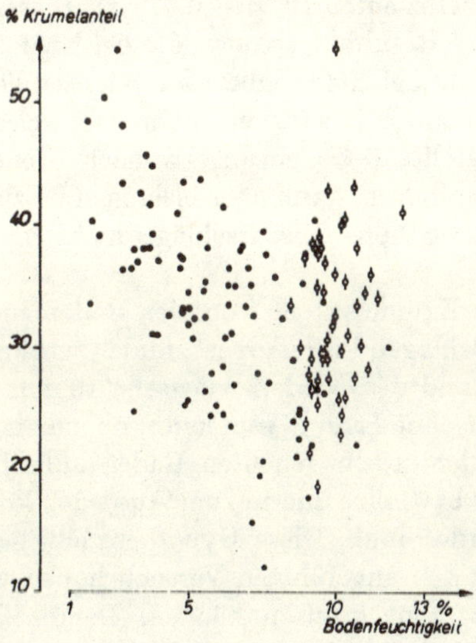

Abb. 7: Die mit dem Schallwäscherverfahren (schon.) ermittelten Krümelanteile (>1 mm Äquiv.-Durchmesser) in Abhängigkeit von der Bodenfeuchtigkeit, getrennt nach Sommer- (ausgefüllte Kreise) und Winterwerten (offene Kreise) (Versuchsfläche 2.1.2., siehe I. Mitt.)

[5] Hierin liegt auch eine gewisse Bestätigung für die Ansichten von WICHTMANN (1955), KULLMANN (1958), CZERATZKI (1957) und WERSCHININ (1958), temporär und permanent stabile Krümel zu unterscheiden. Wenn die permanent stabilen Krümel keine Abhängigkeit von der Bodenfeuchtigkeit aufweisen, dann würden sich unterschiedliche Feuchtigkeitsgehalte bei gegenüberzustellenden Versuchsvarianten nicht nachteilig auswirken. Man müßte nur bestrebt sein, die Bodenproben bei entsprechend hoher Bodenfeuchtigkeit zu entnehmen (vgl. SCHACHTSCHABEL und HARTGE 1959), da sich dann temporär stabile Krümel nicht mehr auf die Meßergebnisse auswirken. Zur Zeit ist aber noch unbekannt, welche Bedeutung diesen permanent stabilen Krümelanteilen für die Bodenfruchtbarkeit, besonders für die Produktivität des Standortes und für die Bearbeitungsmaßnahmen beizumessen ist.

Werden dagegen auch im Winter Messungen durchgeführt, sollten die Ergebnisse entsprechend gruppiert werden. Diese Unterscheidung ist vor allen Dingen dann sehr zweckmäßig, wenn die Krümelanteile auf ihre Abhängigkeit von anderen Standortfaktoren untersucht werden sollen.

3.9. Einfluß der Niederschläge auf die Stabilität der Krümel

Der Zusammenhang zwischen dem stabilen Krümelanteil und dem im Boden vorhandenen Wasser kann auf verschiedene Ursachen zurückgeführt werden, von denen einige indirekt — über andere Größen —, andere direkt auf die Bodenstruktur einwirken. Von den letzteren scheint uns besondere Bedeutung der auf den Erdboden auftreffende und in ihn eindringende Niederschlag zu haben. Für eine diesbezügliche Betrachtung soll wiederum zwischen Sommer- und Winterwerten unterschieden werden, da die Auswirkung einer bestimmten Niederschlagsmenge bei trockenem Boden (Sommer) eine andere als bei anhaltend feuchtem Boden (Winter) sein kann.

Versuch 3.9.1.

(siehe I. Mitt. Versuchsfläche 2.1.2., Versuchsanstellung 3.6.2., Methoden 4.1., 4.3.3., vgl. Ausführungen zum Versuch 5.1.—a)

Eine Berechnung der Regression aus den an jedem Untersuchungstermin mit dem Schallwäscherverfahren ermittelten Krümelanteilen und den gemessenen Niederschlägen ergibt einen signifikanten Koeffizienten ($b = -0{,}575^{++}$). Dieser Zusammenhang wird im wesentlichen durch 4 Resultate bedingt, die bei Niederschlägen über 10 mm ermittelt worden sind; denn bei Nichteinbeziehung dieser Termine in die Verrechnung läßt sich kein signifikanter Koeffizient mehr nachweisen. Diese an sich des öfteren von uns festgestellte Beobachtung, wonach Niederschläge >10 mm die Krümelanteile stark vermindern, kann aber bislang statistisch nicht eindeutig bewiesen werden, da derartig hohe Niederschläge nicht häufig vorkommen.

Obwohl also eine Abhängigkeit der Krümelanteile von der Bodenfeuchtigkeit existiert und letztere mit den Niederschlägen korreliert ist, finden wir keinen Zusammenhang zwischen Krümelanteil und den Niederschlägen <10 mm. Die Ursache ist darin zu suchen, daß es nicht ohne Einfluß sein kann, ob eine bestimmte Niederschlagsmenge auf trockenen oder bereits feuchten Boden auftrifft; d. h., daß die „Vorgeschichte“ des Bodens bzw. eine hierin zum Ausdruck kommende Erhaltungsneigung berücksichtigt werden muß. Diese Hypothese läßt sich durch eine Autokorrelation nachprüfen; für den angeführten Versuch haben wir einen signifikanten Koeffizienten ($r = 0{,}38^{++}$) nachweisen können. Demnach ist die Wahrscheinlichkeit groß, daß ein „heute“ aufgefundener hoher Meßwert auch am folgenden Tag einen hohen Wert nach sich zieht und umgekehrt. Diese Beobachtung läßt sich unter Hinweis auf die mit Bodendurchfeuchtung und -trocknung verknüpften Quellungs- und Schrumpfungsvorgänge der Kolloide erklären, da es sich hierbei um Prozesse handelt, die eine gewisse Zeit benötigen. Auch biologische (McCALLA, 1946) und chemische, speziell oxydative Vorgänge dürften hierbei eine Rolle spielen.

Da weiterhin anzunehmen ist, daß diese Erhaltungsneigung der Krümel durch den Feuchtigkeitsgehalt des Bodens in den Tagen vor der Probenentnahme, wenn auch nicht ausschließlich, so doch mitbestimmt wird, dürfte dem innerhalb 24 Stunden gefallenen Niederschlag nicht die Bedeutung zukommen wie der über mehrere Tage gebildeten Niederschlagssumme. Berechnen wir daher den Regressionskoeffizienten aus den Krümelanteilen und den über 7 Tage gebildeten Niederschlagssummen, so läßt sich ein hoch signifikanter Koeffizient nachweisen, nicht dagegen für die Winterwerte. Dieses Ergebnis erbringt aber keinen neuen Gesichtspunkt für die Diskussion des Einflusses der Niederschläge auf die Krümelanteile, da nach Koitzsch und Kullmann (1960) die Niederschlagssummen (mindestens 5, aber nicht mehr als 21 Tage umfassend) lediglich einen Schätzwert für die Bodenfeuchtigkeit darstellen.

Ein direkter Einfluß der Niederschläge war bei dieser Versuchsanstellung sowie bei anderen auch kaum zu erwarten, da er sich vornehmlich auf die oberste Bodenschicht auswirken dürfte, wir aber die Proben aus 0—10 cm Tiefe für die Bestimmung der Krümelanteile genommen haben. Lediglich scheinen sich, wie bereits angeführt, höhere Niederschläge ($>$ 10 mm) auf die angeführte Bodenschicht auszuwirken; außerdem wäre ein wechselnder Einfluß je nach der Regenintensität denkbar.

(Schluß folgt)

Zusammenfassung

Die Anteile wasserstabiler Krümel werden sofort nach der Probenentnahme im naturfeuchten Zustand nach mehreren Methoden ermittelt. Mit den gegenübergestellten Ergebnissen mehrerer Standorte wird ein signifikanter Einfluß durch die unterschiedlichen Bodenverhältnisse nachgewiesen, während die trotzdem aufgefundenen Übereinstimmungen im Kurvenverlauf auf ähnliche Witterungsabläufe zurückgeführt werden. Darüber hinaus läßt sich eine signifikante Abhängigkeit der Krümelanteile von der Bodenfeuchtigkeit nachweisen, wonach mit steigendem Feuchtigkeitsgehalt der Anteil wasserstabiler Krümel abnimmt. Dieses Abhängigkeitsverhältnis variiert kaum in Abhängigkeit von der angewendeten Untersuchungsmethode und von der Tiefe der Probenentnahme, wohl aber von der Fraktionsgröße. Desgleichen ist die einer Durchlässigkeitsbestimmung vorangehende Trockensiebung naturfeuchten Bodens von Einfluß auf die Abhängigkeit der Meßwerte von der Bodenfeuchtigkeit, da die beim Aussieben auftretenden Pseudokrümel die Meßwerte verzerren. Weiterhin variieren in signifikantem Ausmaß die berechneten Regressionskoeffizienten von Standort zu Standort, von Jahr zu Jahr und je nach der Jahreszeit. Die täglichen Niederschläge ($<$ 10 mm) beeinflussen die Meßergebnisse nicht, da erstens eine Erhaltungsneigung der Krümelstabilität vorliegt und andererseits Proben aus 0—10 cm Tiefe für diese Untersuchungen herangezogen worden sind.

Резюме

При помощи различных методов, немедленно после взятия пробы определяется доля водопрочных комков в состоянии естественного увлажнения пробы.

Сопоставлением результатов исследования проб, взятых в различных местах доказывается достоверное влияние различных почвенных условий, а найденное, однако, соответствие хода кривых объясняется сходными погодными условиями. Кроме того, доказывается достоверная зависимость доли комков от влажности почвы, сообразно которой с увеличением влажности снижается доля водопрочных комков. Эта зависимость едва ли изменяется от примененного метода исследования и от глубины взярия проб, но изменяется с размером фракции. Предварительное сухое просеивание естественно увлажненной почвы также оказывает влияние на зависимость показателей от влажности почвы, так как возникающие при просеивании псевдокомки извращают показатели. Высчитанные коэффициенты регрессии вариируют достоверно в зависимости от места, по отдельным годам и в зависимости от времени года. Ежедневные осадки (<10 мм) не оказывают влияния на результаты, так как с одной стороны имеется склонность к сохранению прочности комков, а с другой стороны для этих исследований были взяты пробы с глубины 0—10 см.

Summary

The water-stable portions of crumbs were determined in the state of natural moisture by several methods, immediately after sampling. With the compared results of several locations a significant influence of the various soil conditions was indicated, while the agreements which were still found in the curves were explained by the similar sequence of weather. A significant dependence of the crumb portions on the soil moisture is, furthermore, established to the effect that the portions of water-stable crumbs would be reduced as the moisture content is increased. This dependence is hardly varied by the method of investigation applied or by the depth of sampling, but it is influenced by the size of the fractions. The dependence of permeability on the soil moisture would be affected also by the dry sieving of soil in the state of natural moisture which precedes any permeability determination, since the measured values would be distorted by the pseudocrumbs which occurred in sieving. The calculated coefficients of regression would, furthermore, significantly vary by sites, years, and seasons. The measurement results would not be affected by the daily amount of precipitations (<10 mm), since the crumb stability is inclined to persist and since the samples for those investigations were taken from a depth between 0 and 10 cm.

Aus dem Institut für Acker- und Pflanzenbau Müncheberg
der Deutschen Akademie der Landwirtschaftswissenschaften zu Berlin
(Direktor: Prof. Dr. agr. habil. E. RÜBENSAM)

ANTON KULLMANN

Über die Wasserbeständigkeit der Bodenkrümel, besonders in Abhängigkeit von Zeit und Bodenfeuchtigkeit[1]

III. Mitteilung: Über den Einfluß der Bodenfeuchtigkeit auf die Krümelanteile getrockneter Bodenproben

Eingegangen: 10. 1. 1964

1. Einleitung

Die Anteile wasserbeständiger Krümel sind in signifikantem Ausmaß abhängig von der Bodenfeuchtigkeit (II. Mitt.). Letztere schwankt unter dem Einfluß des Witterungsverlaufes während der Vegetationsperiode, so daß hieraus letztlich die Veränderungen der Krümelanteile in Abhängigkeit von der Zeit — mindestens teilweise — erklärt werden können. Um nun der Frage nachgehen zu können, ob sich die Krümelanteile auch unabhängig von der Bodenfeuchtigkeit während eines gegebenen Untersuchungszeitraumes verändern, muß der Feuchtigkeitseinfluß eliminiert werden. Die gleiche Forderung muß erhoben werden, wenn der Einfluß verschiedener Versuchsvarianten auf die stabilen Krümelanteile gegenübergestellt werden soll, bei denen eine dynamische Betrachtung von untergeordnetem Interesse ist. Dieser Feuchtigkeitseinfluß kann unter Heranziehung des Regressionskoeffizienten, der aus den Meßwerten der im naturfeuchten Zustand untersuchten Proben berechnet worden ist, eliminiert werden; er müßte auch durch eine — der Krümelstabilitätsmessung vorangehende — Trocknung des Bodens auf einen für alle Proben annähernd stets gleichen Feuchtigkeitsgehalt ausgeschaltet werden können.

Um den teils in der I. und II. Mitteilung beschriebenen Resultaten die entsprechenden Werte von zuvor getrockneten Proben gegenüberstellen zu können, ist ein Teil der Proben stets im naturfeuchten, ein zweiter im getrockneten Zustand untersucht worden. Bezüglich der Trocknung der Bodenproben hat uns zunächst interessiert, ob eine schnelle (RUSSEL und TAMHANE, 1940) oder eine langsame Trocknung (DE LEENHEER und DE BOODT, 1959) zu empfehlen ist und ob sich ein Lagerungseinfluß auf die Meßergebnisse nachweisen läßt. Eine vergleichende Betrachtung der Regressionskoeffizienten, die den Zusammenhang zwischen Krümelanteil (einmal im naturfeuchten, zum anderen im getrockneten Zustand untersucht) und Bodenfeuchtigkeitsgehalt nach der Probenentnahme beschreiben, müßte dann Aufschluß geben, ob auch mit den zuvor getrockneten Proben der im Augenblick der Probeentnahme vorliegende Strukturzustand charakteristiert werden kann.

[1] vgl. I. und II. Mitt. in dieser Zeitschrift 8 (1964), H. 10, und vorliegendes Heft S. 9–26.

2. Zur Art und Weise der Bodentrocknung

Versuch 2.1.
(siehe I. Mitt. Versuchsfläche 2.1.1., Versuchsanstellung 3.4.2., Methoden 4.1., 4.2.2., 4.3.2.)

Versuch 2.2.
(siehe I. Mitt. Versuchsfläche 2.3.3., Versuchsanstellung 3.4.1., Methoden 4.1., 4.2.2., 4.3.2.)

Die zu 18 Terminen entnommenen Proben wurden zu einem Teil innerhalb von 90 Stunden bis auf Lufttrockenheit gebracht, wobei die Trocknungsgeschwindigkeit bei sehr feuchten Proben durch Trocknung im Trockenschrank bei 40 °C beschleunigt wurde, während ein anderer Teil innerhalb von 21 Tagen an der Luft bis auf gleiche Feuchtigkeitsgehalte gebracht wurde. Die danach durch Trockensiebung abgetrennte Fraktion 1 — 2 mm wurde mit dem Tauchverfahren auf ihren relativen Krümelanteil untersucht.

Der varianzanalytischen Auswertung (KULLMANN, 1962) ist zu entnehmen, daß die Werte für die innerhalb 90 Stunden getrockneten Proben signifikant denen während einer 21tägigen Lagerung getrockneten überlegen sind. Werden außerdem die innerhalb 90 Stunden getrockneten Proben weitere 21 bzw. 56 Tage bis zur Krümelstabilitätsmessung gelagert, so zeigt sich, daß trotz der Trocknung auf niedrige Feuchtigkeitsgehalte eine signifikante Differenz durch die Lagerung bewirkt wird, während die Resultate zwischen 21 und 56 Tagen Lagerungsdauer nicht signifikant differieren.

Versuch 2.3.
(siehe I. Mitt. Versuchsfläche 2.1.2., Versuchanstellung 3.7.2., Methoden 4.1., 4.2.1., 4.3.2., 4.3.3.)

Ein Teil der Proben wurde sofort im naturfeuchten Zustand untersucht, ein zweiter Teil innerhalb 90 Stunden im Trockenschrank bei 40 °C getrocknet und ein dritter Teil nach flachem Ausbreiten innerhalb der gleichen Zeit an der Luft im Labor getrocknet und dann auf die Anteile wasserbeständiger Krümel > 1 mm Äquiv.-Durchmesser untersucht; die Proben wurden nicht erst durch Trockensiebung in Fraktionen aufgetrennt.

Aus den in Abbildung 1 dargestellten gleitenden Durchschnitten geht hervor, daß in Übereinstimmung mit den obigen Ergebnissen ganz offensichtlich Differenzen je nach der Trocknungsweise vorliegen. Bei den „Winter"-Werten (ab 6. 11. 1961) führt die Trocknung stets zu einer Erhöhung der Krümelanteile, die bei den im Trockenschrank schnell getrockneten Proben besonders hoch ist, während für die „Sommer"-Werte durch die Lufttrocknung eine Stabilitätsminderung gegenüber den im naturfeuchten Zustand untersuchten Proben zu verzeichnen ist. Wie auch in den anderen beiden Versuchen liegen die Werte für die schnell getrockneten Proben im Mittel höher gegenüber den an der Luft getrockneten Proben.
Aus diesen Versuchen resultiert, daß die Art und Weise der Trocknung sowie die Lagerung einen Einfluß auf die Meßwerte ausüben, weshalb für die weiteren zu besprechenden Versuche stets die in der I. Mitt., Abschnitt 4.2.1., beschriebene Trocknungsweise (innerhalb 90 Stunden[2]) angewendet worden ist. Wir stimmen in

[2] Eine langsame Trocknung an der Luft scheidet wegen der Stabilitätsminderung aus, wie einleitend in Abschnitt 3. begründet wird.

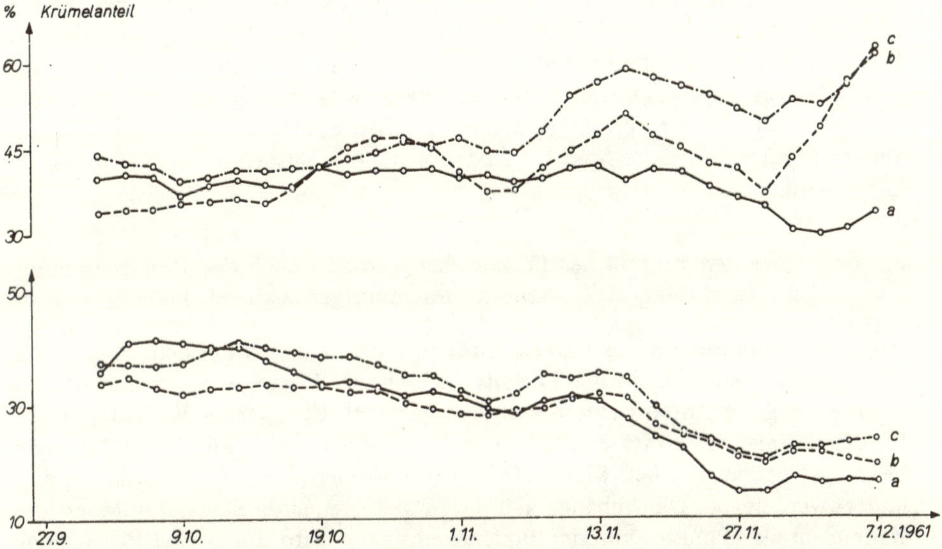

Abb. 1: Gleitende Durchschnitte für die Abhängigkeit der Krümelanteile (nach dem Schallwäscherverfahren [schon.] ermittelt — obere Darstellung; nach dem Tauchverfahren ermittelt — untere Darstellung) von der Zeit (Versuchsfläche 2.1.2., s. I. Mitt., im Jahre 1961)
a = Untersuchung beim natürlichen Feuchtigkeitsgehalt des Bodens
b = Untersuchung nach Lufttrocknung
c = Untersuchung nach Trocknung im Trockenschrank bei 40 °C

dieser Hinsicht mit den Empfehlungen von Russel und Tamhane (1940) sowie Payne (1954) überein, den Boden schnell zu trocknen und aufzuarbeiten, um einen Lagerungseinfluß (siehe auch Wichtmann, 1955 b) zu vermeiden. Allerdings verlaufen bei Temperaturerhöhungen die biologischen Vorgänge (McCalla, 1946) und teilweise auch chemische Prozesse beschleunigt, doch werden diese durch den raschen Trocknungsprozeß schnell wieder unterbunden. Nach Slater (1953) bleibt (im Gegensatz zu Payne, 1954; Ebert, 1957) für Lehmböden die Trocknungstemperatur zwischen 5 und 82 °C praktisch ohne Einfluß auf die Mengen wasserstabiler Krümel; zu einem ähnlichen Resultat gelangt Wichtmann (1955 b) bei einem Vergleich der bei 25 °C (langsam) und bei 40 °C (schnell) getrockneten Proben.

Wenn De Leenheer und De Boodt (1956) im Gegensatz zu unseren Untersuchungen nach Lufttrocknung und einjähriger Lagerungsdauer (bei 18 °C und 90% rel. Luftfeuchtigkeit) keine nennenswerten Differenzen ermittelt haben, so steht der Nachweis durch Vergleich mit den im naturfeuchten Zustand untersuchten Proben noch aus, inwieweit nämlich mit den getrockneten Proben der im Augenblick der Probenentnahme vorliegende Strukturzustand erfaßt werden kann bzw. inwieweit der Trocknungseinfluß durch die von ihnen angewandte Befeuchtungsweise eliminiert wird. Denn werden Bodenproben bei wechselnden Feuchtigkeitsgehalten eingelagert, benötigen sie unterschiedliche Trocknungszeiten, so daß durch die im Labor veränderten Belüftungs- und Temperaturverhältnisse die biologischen (SEKERA, 1941; PAYNE, 1959) und chemischen Vorgänge auf feuchten Proben mit anderer Intensität als auf bereits relativ trockene einwirken werden. Durch MEYERS und McCALLA (1941), ANTIPOW-KARATAJEW und Mitarb. (1948), KOEPF (1959) u. a. wird bestätigt, daß die stabilen Krümelanteile um so mehr verändert werden, je länger feuchter Boden zwischen Entnahme und Messung gelagert wird.

3. Über den Einfluß des Feuchtigkeitsgehaltes nach der Probenentnahme auf die stabilen Krümelanteile des zuvor getrockneten Bodens

Beim Trocknen des Bodens unter natürlichen Bedingungen auf dem Feld erhöht sich entsprechend dem in der II. Mitt., Abschnitt 3., aufgezeigten linearen Zusammenhang der Anteil wasserbeständiger Krümel. Ein gleiches Verhalten müßte für die Krümel zu erwarten sein, die unter den im Labor vorliegenden Gegebenheiten getrocknet werden, wie an einem theoretischen Beispiel in Abbildung 2 erläutert werden soll. Die Abhängigkeit der im naturfeuchten Zustand untersuchten Krümelanteile (Punkte) von der Bodenfeuchtigkeit wird durch eine Regressionsgerade charakterisiert. Werden die Bodenproben zuvor im Labor bis auf einen Wassergehalt von 1,5% getrocknet, würden sich entsprechend dem durch die Regressionsgeraden aufgezeigten Zusammenhang die dann ermittelten Krümelanteile um einen mittleren Wert von etwa 12,5% gruppieren (Kreise). Falls diese Krümelanteile durch die Trocknung wirklich vom Feuchtigkeitseinfluß bereinigt worden sind, müßte bei deren Auftragung (Kreuze) gegen den Feuchtigkeitsgehalt, wie er nach der Probenentnahme vorgelegen hat, kein Zusammenhang mehr nachweisbar sein; d. h., daß eine durch die eingetragenen Meßwerte (Kreuze) gelegte Gerade parallel zur Abszisse verläuft. Diese letztere Gerade ist also gegenüber der Regressionsgeraden aufgerichtet worden, wobei der „Drehpunkt" für diese Aufrichtung der Geraden bei einem Feuchtigkeitsgehalt von 1,5% liegt.

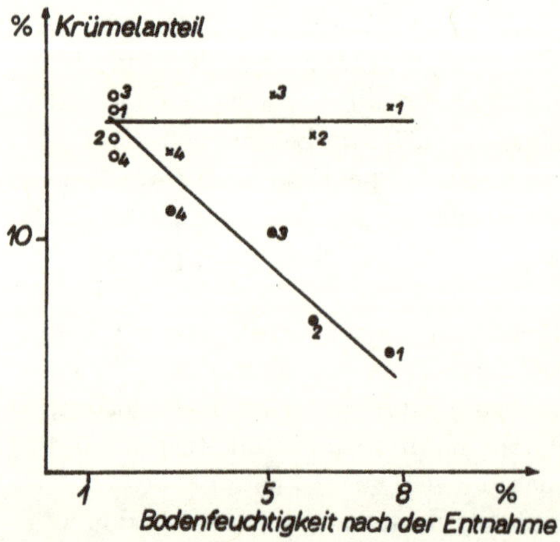

Abb. 2: Krümelanteil als Funktion der Bodenfeuchtigkeit (theoretisches Beispiel) — Erläuterungen im Text

Wird daher parallel zu den in der I. Mitt. genannten Versuchen 5.1.—a bis 5.1.—c ein Teil der Bodenproben zunächst getrocknet und dann in gleicher Weise untersucht, so weisen die ermittelten Krümelanteile keine Abhängigkeit von dem Feuchtigkeitsgehalt nach dem Trocknen auf, wohl aber von dem Feuchtigkeitsgehalt nach der Probenentnahme, und zwar waren bei etwa 50% der hierauf betrachteten Versuchsserien noch signifikant von Null verschiedene Regressionskoeffizienten nachzuweisen (siehe KULLMANN, 1962; KOITZSCH und

KULLMANN, 1959). Demnach müssen teilweise die Krümelanteile, wenn sie im Freiland bzw. im Labor abtrocknen, weder den gleichen Kräften ausgesetzt noch in gleicher Weise verändert worden sein.

4. Gegenüberstellung der Ergebnisse von den im naturfeuchten und getrockneten Zustand untersuchten Bodenproben

Versuch 4.1.

(siehe I. Mitt. Versuchsfläche 2.1.2., Versuchsanstellung 3.6.2., Methoden 4.1., 4.2.1., 4.3.2., 4.3.3., vgl. Versuch 5.1.—a, sowie II. Mitt. Versuch 3.1.1. u. 3.8.1.)

Versuch 4.2.

(siehe I. Mitt. Versuchsfläche 2.1.2., Versuchsanstellung 3.5.1., Methoden 4.1., 4.2.1., 4.3.2., 4.3.3., vgl. Versuch 5.1.—b, sowie II. Mitt. Versuch 3.2.2.)

Versuch 4.3.

(siehe I. Mitt. Versuchsfläche 2.3.3., Versuchsanstellung 3.5.2., Methoden 4.1., 4.2.1., 4.3.2., 4.3.3., vgl. Versuch 5.1.—c, sowie II. Mitt. Versuch 3.2.3.)

Tabelle 1
(Die Ergebnisse betreffen die Fraktion > 1 mm)

Versuch		FG	$\bar{y}_f - \bar{y}_t$	t	$b_f - b_t$	t
4.1.	Schallwäscher (schon.)					
	Sommer	178	4,245	$4{,}356^{+++}$	—*	—
	Winter	98	24,704	$17{,}635^{+++}$	—*	—
	Tauchverfahren					
	Sommer	178	2,311	$3{,}339^{++}$	2,191	$7{,}081^{+++}$
	Winter	98	14,692	$16{,}982^{+++}$	—**	—
4.2.	Schallwäscher (schon.)					
	0—10 cm Tiefe	52	0,178	$0{,}108^{-}$	1,330	$3{,}013^{++}$
	Tauchverfahren					
	0—10 cm Tiefe	66	2,240	$1{,}454^{-}$	1,391	$3{,}489^{+++}$
	10—20 cm Tiefe	65	1,137	$0{,}840^{-}$	1,230	$3{,}069^{++}$
4.3.	Schallwäscher (schon.)					
	0—10 cm Tiefe	54	3,521	$1{,}533^{-}$	—**	—
	Tauchverfahren					
	0—10 cm Tiefe	66	16,966	$10{,}333^{\circ\circ\circ}$	—*	—
	10—20 cm Tiefe	66	16,606	$11{,}272^{\circ\circ\circ}$	0,134	$0{,}344^{-}$

* Quadratischer Regressionsanteil gesichert
** Da einer der Regressionskoeffizienten nicht signifikant von Null verschieden ist, erübrigt sich dieser Test.
$\bar{y}_f$ bzw. b_f = im naturfeuchten Zustand untersuchte Proben
$\bar{y}_t$ bzw. b_t = nach Trocknung untersuchte Proben

Die Regressionslinien für die im naturfeuchten und getrockneten Zustand untersuchten Proben sind in den Abbildungen 3 bis 5 gegenübergestellt (die nicht signifikanten Koeffizienten sind ebenfalls berücksichtigt worden, um die Tendenzen aufzuzeigen), während die Signifikanz der Differenzen in Tabelle 1 wiedergegeben ist. Werden die getrockneten Proben vor der Analyse durch Trockensiebung in Fraktionen aufgetrennt, ergeben sich bei entprechenden Gegenüberstellungen der Krümelanteile von 1—2 mm Äquiv.-Durchmesser ähnliche Aussagen (siehe KULLMANN, 1962).

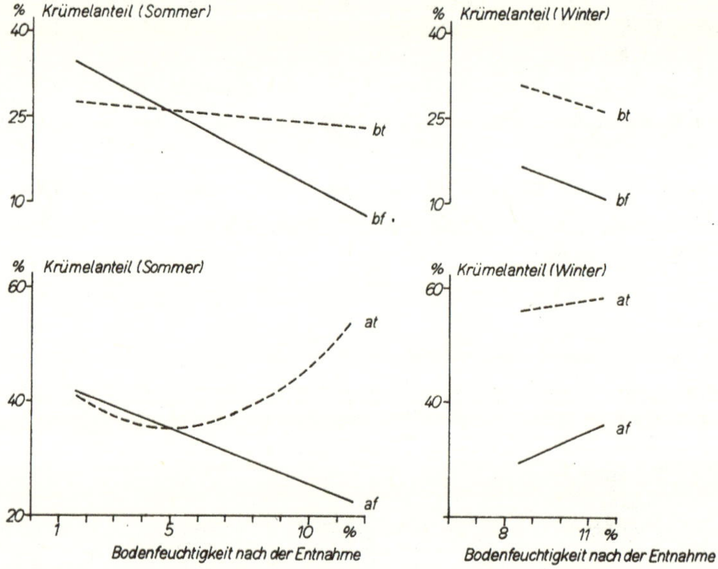

Abb. 3: Die mit dem Schallwäscher- „a" und Tauchverfahren „b" ermittelten Krümelanteile (> 1 mm Äquiv.-Durchmesser) in Abhängigkeit von der Bodenfeuchtigkeit nach der Entnahme für die im naturfeuchten „f" und im trockenen „t" Zustand untersuchten Proben, getrennt nach Sommer- und Winterwerten (Versuchsfläche 2.1.2., s. I. Mitt., im Jahre 1960)

Die Trocknung hat teils eine signifikante Erhöhung, teils eine Verminderung der mittleren Krümelanteile bewirkt, teils ist sie ohne Einfluß geblieben. Der Feuchtigkeitseinfluß ist nur in $<10\%$ aller hierauf betrachteten Versuchsserien (KULLMANN, 1962) zu eliminieren gewesen, während er in den weitaus meisten Versuchsserien nicht durch die Trocknung im Labor — entsprechend der Erwartung (3.) — auszuschalten gewesen ist. Die Trocknung hat vielmehr bei den aus 10 bis 20 cm Tiefe untersuchten Proben des Versuchs 4.2. und bei den mit dem Schallwäscherverfahren ermittelten Resultaten des Versuches 4.3. einen Zusammenhang bedingt, bei dem die jeweils durch die Punktwolken gelegten Regressionsgeraden wohl nicht signifikant von Null verschieden sind, doch in ihrer Gesamtheit zu niedrig liegen; die Differenzen für die $Y_f - Y_t$ bei $x = 1{,}5$ (Vesuch 4.2.) und $x = 3{,}0$ (Versuch 4.3.) sind signifikant. Bei mehreren Versuchsreihen ($\sim 50\%$) ist

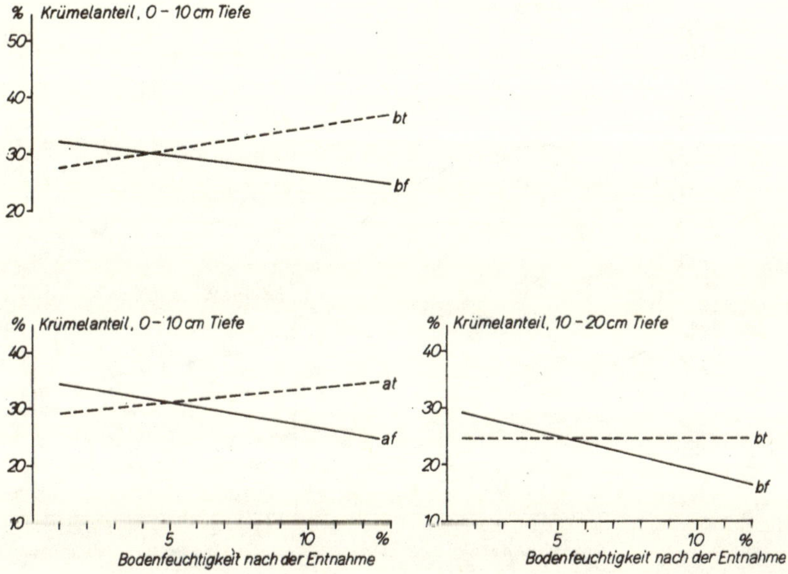

Abb. 4: Die mit dem Schallwäscher- „a" und dem Tauchverfahren „b" ermittelten Krümelanteile (> 1 mm Äquiv.-Durchmesser) in Abhängigkeit von der Bodenfeuchtigkeit nach der Entnahme für die im naturfeuchten „f" und im trockenen „t" Zustand untersuchten Proben, getrennt nach der Tiefe der Probenentnahme (Versuchsfläche 2.1.2., s. I. Mitt., im Jahre 1959)

trotz der Trocknung eine statistisch gesicherte Abhängigkeit von der Bodenfeuchtigkeit erhalten geblieben, teilweise ist aus dem ursprünglich negativen Zusammenhang durch die Trocknung ein signifikant positiver geworden. Außerdem erfahren die bei niedrigeren Feuchtigkeitsgehalten entnommenen Proben häufig durch die Trocknung im Labor eine signifikante Verminderung des Anteils wasserbeständiger Krümel.

Die Ursachen für die nicht erwarteten Beziehungen zwischen den Krümelanteilen der zuvor getrockneten Proben und der Bodenfeuchtigkeit nach der Probenentnahme lassen sich aus diesen Versuchen nicht ableiten. Offensichtlich müssen bei Trocknung des Bodens im Freiland andere Kräfte (Kullmann, 1962) als bei Trocknung im Labor wirksam werden. Außerdem scheinen sich diese Kräfte nicht mit gleicher Intensität auf alle Gruppen von stabilen Krümeln auszuwirken, da sich je nach der angewendeten Untersuchungsmethode Unterschiede in der Lage der jeweils einander gegenübergestellten Regressionsgeraden ergeben. Auch der Einfluß der Bodenverhältnisse ist, wie eine vergleichende Betrachtung der Ergebnisse von Müncheberg und Wollup zeigt, zu berücksichtigen. Wahrscheinlich (vgl. Rogowski, 1960) wird z. B. der stärkere Zerfall der Aggregate des getrockneten Bodens von Wollup durch eine differenzielle Quellung der Tone bei der Wiederbefeuchtung bedingt. Es erscheint daher auch fraglich, ob der Einfluß durch die bei der Trocknung und Wiederbefeuchtung ablaufenden Prozesse mit einer speziellen Vorbehandlungsweise (De Leenheer und De Boodt, 1959 b)

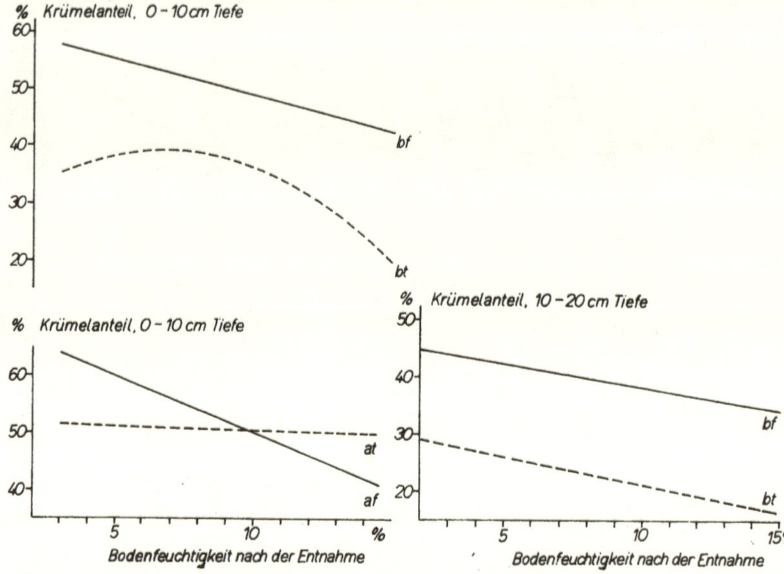

Abb. 5: Die mit dem Schallwäscher- „a" und Tauchverfahren „b" ermittelten Krümelanteile (> 1 mm Äquiv.-Durchmesser) in Abhängigkeit von der Bodenfeuchtigkeit nach der Entnahme für die im naturfeuchten „f" und im getrockneten „t" Zustand untersuchten Proben, getrennt nach der Tiefe der Probenentnahme (Versuchsfläche 2.3.3., s. I. Mitt.)

wieder aufgehoben werden kann, da das Verhalten der zuvor getrockneten Proben sicherlich nicht lediglich auf die Wirkung der eingeschlossenen Luft (KOEPF, 1959; SILLANPÄÄ, 1959) zurückgeführt werden kann.

Betrachten wir hierzu die Resultate der schrittweise entweder im Labor getrockneten (MC HENRY und RUSSEL, 1944; SILLANPÄÄ, 1959, u. a.) oder angefeuchteten (z. B. KOEPF, 1959) Proben, so lassen diese eine Aussage nur über die Abhängigkeit der Krümelanteile vom Wassergehalt der an einem Termin entnommenen und nach einem jeweils ausgewählten Verfahren behandelten Proben zu, vermögen aber kaum den Zusammenhang zwischen Krümelanteil und Bodenfeuchtigkeit zu charakterisieren, wie er sich im Freiland im Laufe der Zeit ergibt. Aus unseren Untersuchungen resultiert daher, daß mit den im naturfeuchten Zustand untersuchten Proben treffender sowohl der im Augenblick der Probenentnahme vorliegende Strukturzustand als auch der Zusammenhang zwischen Krümelanteil und Bodenfeuchtigkeit erfaßt werden kann.

5. Über die Folgen der Bodentrocknung auf die Beurteilung des bei der Probenentnahme vorliegenden Anteils wasserbeständiger Krümel

Da offensichtlich der Trocknungsprozeß im Labor anders als im Freiland verläuft, läßt sich also der Feuchtigkeitseinfluß nicht mit Sicherheit eliminieren. Hierbei taucht nun die Frage auf, wie sich diese unvollständige Eliminierung, die auch mit einer Verzerrung der Werte verbunden sein kann, auf die Deutung der

Versuchsergebnisse auswirkt. Aus diesem Grunde sollen die Differenzen betrachtet werden, die sich zwischen den im naturfeuchten und getrockneten Zustand bestimmten stabilen Krümelanteilen bei zeitlicher Betrachtung bzw. bei Gegenüberstellung verschiedener Versuchsglieder ergeben. Zum Vergleich sollen auch die rechnerisch vom Feuchtigkeitseinfluß korrigierten Werte ($y_{korr.}$) der im naturfeuchten Zustand untersuchten Proben herangezogen werden.

Versuch 5.1. (siehe I. Mitt. Versuchsfläche 2.3.3., Versuchsanstellung 3.5.2., Methoden 4.1, 4.2.1., 4.3.2., vgl. Versuch 5.1.—c)

Versuch 5.2. (siehe I. Mitt. Versuchsfläche 2.1.2., Versuchsanstellung 3.5.1., Methoden 4.1., 4.2.1, 4.3.2., vgl. Versuch 5.1.—b)

Für die mit dem Tauchverfahren untersuchten Proben geht aus den Abbildungen 6 und 7 hervor, daß die $y_{korr.}$-Werte im Kurvenverlauf weitgehend denjenigen für die naturfeucht untersuchten Proben entsprechen, während die Kurve aus den Ergebnissen für die zuvor getrockneten Proben einen mehr oder weniger stark ausgeprägten anderen Verlauf in beiden Abbildungen nimmt. Die Differenzen zwischen den beiden Kurven ($y_{korr.}$-Werte und zuvor getrocknete Proben) zeigen eindeutig die durch den Trocknungsprozeß bewirkten Veränderungen im Krümelanteil, die obendrein nicht zufällig mit der Zeit variieren (Versuch 5.1.: $u = 1{,}708$; Versuch 5.2.: $u = 2{,}849$; vgl. I. Mitt.). Abgesehen davon, daß durch die Trocknung der Feuchtigkeitseinfluß nicht eliminiert (Abb. 4 und 5) und die Krümelanteile gegenüber den naturfeucht untersuchten Proben erniedrigt wurden, weichen die Werte also auch im Kurvenverlauf signifikant von denjenigen ab, bei denen der Feuchtigkeitseinfluß rechnerisch eliminiert worden ist.

Versuch 5.3. (siehe I. Mitt. Versuchsfläche 2.4.5. bis 2.4.8., Versuchsanstellung 3.7.1., Methoden 4.1., 4.2.1., 4.3.2., 4.3.3.)

Zweimal wöchentlich wurden Bodenproben von der Versuchsfläche Hirschfeld auf ihre stabilen Krümelanteile untersucht, wobei hier nur die vom 10. 4.—28. 6. ermittelten Ergebnisse der Fruchtfolgevarianten I und III diskutiert werden sollen (bezüglich einer Gegenüberstellung der Varianten I bis IV siehe Kullmann, 1962). Zur Berechnung der $y_{korr.}$-Werte wurden die y-Werte auf einen Feuchtigkeitsgehalt umgerechnet, der dem Versuchsmittel ($\bar{x}$) entspricht; denn die Probenentnahmen fielen in eine Periode anhaltend feuchter Witterung, so daß die Feuchtigkeitsgehalte zwischen 12 und 20% variieren. Die Resultate der varianzanalytischen Auswertung sind in Tabelle 2 wiedergegeben.

Tabelle 2

Krümelanteil >1 mm nach	Variante	$\bar{y}_{nat.}$	Sich.	$\bar{y}_{korr.}$	Sich.	$\bar{y}_{trock.}$	Sich.
Schallwäscher (schon.)	I	71,02	—	70,19	—	51,42	—
	III	67,06	ooo	67,64	oo	47,98	oo
Tauchverfahren	I	47,02	—	45,54	—	5,06	—
	III	46,01	—	47,50	+	4,25	ooo

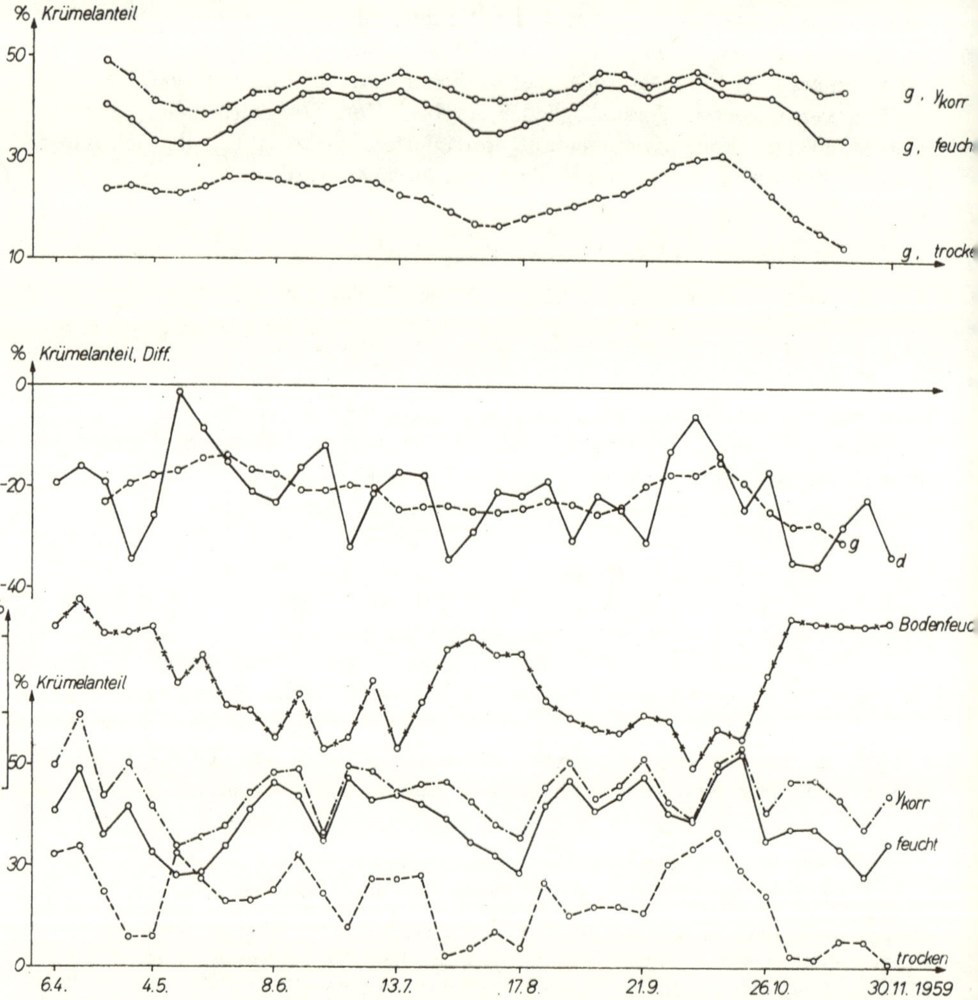

Abb. 6: Die mit dem Tauchverfahren ermittelten Krümelanteile (> 1 mm Äquiv.-Durchmesser) der im naturfeuchten und trockenen Zustand untersuchten Proben sowie die Bodenfeuchtigkeit nach der Entnahme in Abhängigkeit von der Zeit (Versuchsfläche 2.3.3., s. I. Mitt.)
y_{korr} = Die Ergebnisse der im naturfeuchten Zustand untersuchten Proben sind auf den Wassergehalt (n. d. Trocknen) umgerechnet worden.
d = Differenz der Krümelanteile zwischen den im getrockneten Zustand untersuchten Proben und den $y_{korr.}$-Werten
g = Kurven gleitender Durchschnitte

Hiernach lassen die an naturfeuchten Proben nach dem Schallwäscherverfahren ermittelten Ergebnisse eine signifikante Unterlegenheit der Fruchtfolge III erkennen, nicht aber die nach dem Tauchverfahren bestimmten. Offensichtlich kommt in der nach der ersteren Methode bestimmten Gruppe von beständigen Krümeln die nach verschiedenen Literaturangaben zu erwartende Einwirkung

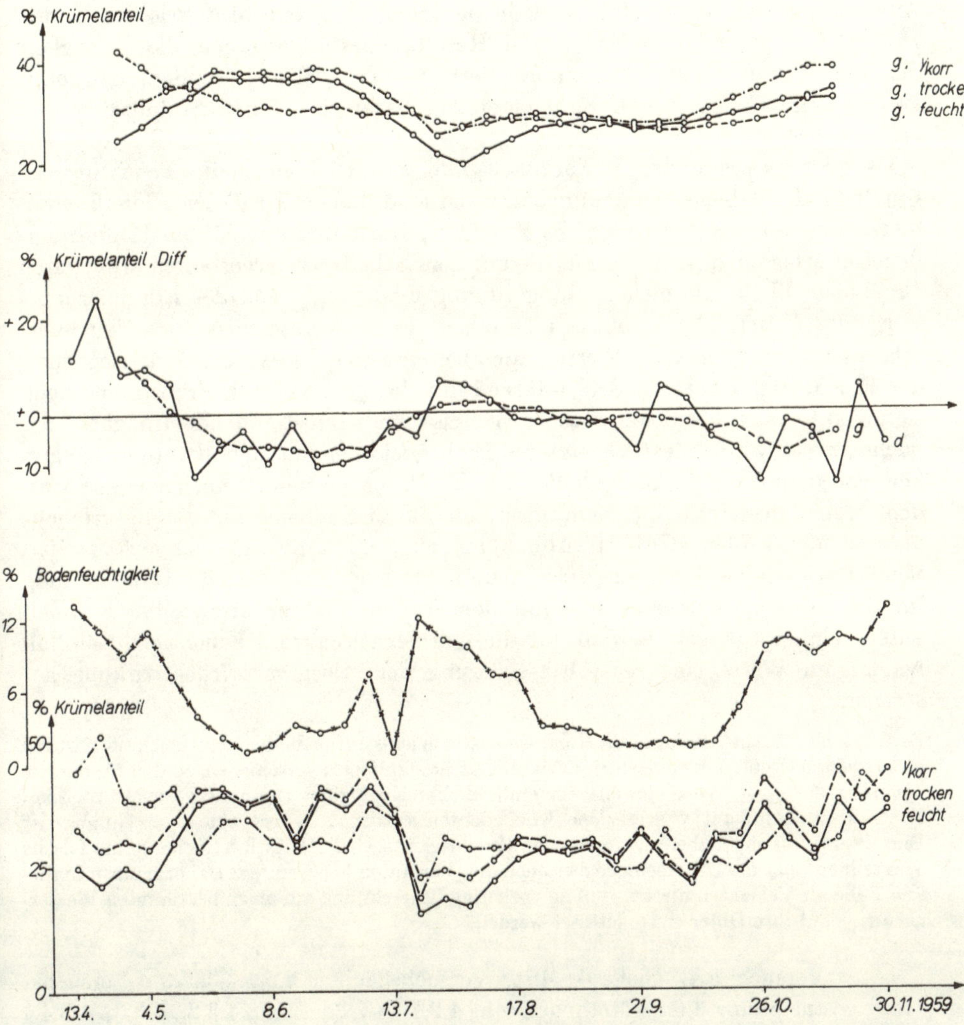

Abb. 7: Die mit dem Tauchverfahren ermittelten Krümelanteile (> 1 mm Äquiv.-Durchmesser) der im naturfeuchten und trockenen Zustand untersuchten Proben sowie die Bodenfeuchtigkeit nach der Entnahme in Abhängigkeit von der Zeit (Versuchsfläche 2.1.2., s. I. Mitt., im Jahre 1959)

$y_{korr.}$ = Die Ergebnisse der im naturfeuchten Zustand untersuchten Proben sind auf den Wassergehalt (n. d. Trocknen) umgerechnet worden

d = Differenz der Krümelanteile zwischen den im getrockneten Zustand untersuchten und den $y_{korr.}$-Werten

g = Kurven gleitender Durchschnitte

der Kleegrasvorfrucht zum Ausdruck. Doch scheinen hierdurch entweder nur Krümel von geringerer Wasserbeständigkeit gebildet worden zu sein, oder der Stabilitätsgrad ist im 2. Nachbaujahr bereits wieder so weit geschwächt, daß bei

Anwendung des Tauchverfahrens kein signifikanter Unterschied zwischen beiden Fruchtfolgen mehr nachweisbar ist. Die Resultate bestätigen erneut die Richtigkeit der Empfehlung (I. Mitt.), mehrere Methoden parallel anzuwenden, um somit verschiedene Gruppen von Krümelanteilen unterschiedlichen Stabilitätsgrades erfassen zu können.

Da aber zwischen den Varianten signifikante Differenzen im Feuchtigkeitsgehalt (n. d. Probenentnahme) nachweisbar sind, haben wir diesen Einfluß eliminieren müssen, um den durch die Fruchtfolgevarianten ausgeübten Einfluß eindeutiger erfassen zu können. Für die mit dem Schallwäscherverfahren ermittelten Ergebnisse bleibt die gleiche Rangordnung unabhängig von der Eliminierungsweise des Feuchtigkeitseinflusses bestehen. Für die Ergebnisse des Tauchverfahrens wird mit den $y_{korr.}$-Werten nun aber eine knapp gesicherte Unterlegenheit der Fruchtfolge I aufgefunden, während mit den getrockneten Proben eine hoch signifikante, mit den Schallwäscherergebnissen übereinstimmende Rangordnung nachgewiesen wird. Für diese letzteren Proben ist aber eine signifikante Abhängigkeit von dem Feuchtigkeitsgehalt nach der Probenentnahme nachgewiesen worden, wobei obendrein aus dem positiven Zusammenhang für die naturfeucht untersuchten Proben (II. Mitt., Abb. 6) nun ein signifikant negativer geworden ist. Somit ist durch den Trocknungsprozeß im Labor eine Verzerrung der Rangordnung für die zuvor getrockneten und mit dem Tauchverfahren ermittelten Krümelanteile einhergegangen, so daß nur die mathematisch vom Feuchtigkeitseinfluß bereinigten Werte eine reale Einschätzung der Kleegrasvorfruchtwirkung gestatten.

Bei Versuch 5.3. sind die linearen Regressionskoeffizienten (für die im naturfeuchten Zustand untersuchten Proben) der einzelnen Varianten nicht signifikant verschieden, so daß für die Berechnung der $y_{korr.}$-Werte jeweils ein einheitlicher Koeffizient zugrunde gelegt worden ist. Wenn aber signifikant verschiedene Koeffizienten vorliegen, würde eine Umrechnung der Einzelwerte auf einen übereinstimmenden Feuchtigkeitsgehalt (z. B. lufttrocken) eine falsche Vorstellung über die Unterschiede zwischen den Varianten hervorrufen. Daher müssen in diesem Falle die Varianten direkt — ohne vorherige Umrechnung auf einen bestimmten Wassergehalt — auf ihre Differenzen getestet werden.

Versuch 5.4. (siehe I. Mitt. Versuchsflächen 2.5.1.—2.5.3., Versuchsanstellung 3.6.1., Methoden 4.1., 4.2.1., 4.2.2., 4.3.1., 4.3.2., 4.3.3., 4.3.4.)

Die zu je vier Terminen im März und August von drei Varianten entnommenen Proben aus 0—10 cm Tiefe wurden sofort nach der Probenentnahme, nach der Trocknung und in einem 3. Teil der Proben nach Trocknung und Trockensiebung auf ihre Anteile wasserbeständiger Krümel untersucht.

Die für die einzelnen Varianten berechneten Mittelwerte und Regressionskoeffizienten (siehe nähere Ausführungen KULLMANN, 1962b) für die im naturfeuchten und getrockneten Zustand untersuchten Proben lassen eine Rangordnung erkennen, wonach die mit Stallmist gedüngte Parzelle den anderen beiden Varianten signifikant überlegen ist, während zwischen den letzteren, NPK-gedüngt und ungedüngt, keine gesicherte Differenz nachweisbar ist. Die Trocknung des Bodens hat hier also zu keiner abweichenden Rangordnung geführt, lediglich liegt der Regressionskoeffizient für die mit Stallmist gedüngte Parzelle signifikant niedriger;

außerdem ist der Feuchtigkeitseinfluß bei allen drei Varianten nicht durch den Trocknungsprozeß zu eliminieren gewesen.

Werden die getrockneten Proben vor der Krümelstabilitätsmessung aber durch Trockensiebung zunächst in die Fraktionen 1–2 mm und 3–5 mm aufgetrennt, so ergeben die wahren Krümelanteile Rangordnungen, wonach die ungedüngte Variante den beiden anderen überlegen ist (Schallwäscherverfahren schon. und aggr., Tauch- und Schalenmethode). Demnach wirkt sich in diesem Falle erst die Trockensiebung auf eine Verschiebung der Rangordnung aus. Werden statt der wahren Krümelanteile die relativen berechnet, so ist teilweise wieder die gleiche Rangordnung wie bei den im naturfeuchten Zustand untersuchten Proben vorhanden.

Aus diesen Untersuchungen ergibt sich, daß nur mit den im naturfeuchten Zustand untersuchten Proben sowie mit den mathematisch vom Feuchtigkeitseinfluß bereinigten Werten der im Augenblick der Probenentnahme vorliegende Strukturzustand mit Sicherheit zu charakterisieren ist. Eine Trocknung der Proben vermag kaum den Feuchtigkeitseinfluß zu eliminieren, außerdem werden durch den Trocknungsprozeß bzw. auch durch die Trockensiebung die ermittelten Krümelanteile verändert, was sich auf die Auswertung der Untersuchungsergebnisse sowohl in Abhängigkeit von der Zeit als auch der gegenübergestellten Versuchsglieder auswirkt. Diese Feststellung wird durch die Betrachtungen Bavers (1956) über den Einfluß wechselnder Befeuchtungs- und Trocknungsvorgänge auf die Stabilität der Bodenkrümel insofern bestätigt, als er meint, daß die Stabilitätsanalyse eines getrockneten, tonreichen Bodens (trotz vorausgehender Wiederbefeuchtung) oft irreführende Vorstellungen (z. B. eine gewisse Umkehr der Ergebnisse) über die natürliche Aggregation auf dem Felde vermittelt. Auch Altemüller (1957) verweist bei Profiluntersuchungen auf die Möglichkeit, daß bei Untersuchung von Proben aus dem Untergrund, der sehr selten oder gar nicht bis auf Lufttrockenheit unter natürlichen Bedingungen austrocknet, abweichende Resultate durch die Trocknung im Labor ermittelt werden könnten; mit anderen Worten würde das heißen, daß eine Trocknung der Proben im Labor nur extremen Grenzfällen unter natürlichen Bedingungen gleichkommt.

6. Ausblick über die neben der Bodenfeuchtigkeit existierenden Ursachen für die Variabilität der wasserbeständigen Krümelanteile

Die im naturfeuchten Zustand untersuchten Bodenproben weisen signifikante Beziehungen zwischen den stabilen Krümelanteilen und den Bodenfeuchtigkeiten auf. Mit dem Bestimmtheitsmaß B (Linder, 1951) können wir das Verhältnis des Anteils der Streuung, welcher durch den Zusammenhang hervorgerufen wird, zur Gesamtstreuung charakterisieren (vgl. II. Mitt., Abschnitt 3.1.). Es sind neben der Bodenfeuchtigkeit aber noch andere Ursachen für die Variabilität der Stabilitätswerte im Laufe der Zeit verantwortlich, die in der Unbestimmtheit (1–B) zum Ausdruck kommen. Aus der Definition der Unbestimmtheit läßt sich folgern, daß die Streuung um die Regressionsgerade einmal durch den Meßfehler und zum anderen durch andere Streuungsursachen bedingt sein kann, wie sich mit einem F-Test prüfen läßt. Für die z. B. in der II. Mitt., Versuch 3.2.2. und 3.2.3., beschriebenen Meßreihen sind die entsprechenden Resultate in Tabelle 3 wiedergegeben.

Tabelle 3

Versuch		(1—B)	s^2	$s_{\bar{x}}^2$	F	$F_{1\%}$
3.2.2. (II. Mitt.)	Schallwäscher (schon.) > 1 mm	0,84	51,281	2,994	17,129	1,83
	Tauchverfahren > 1 mm	0,87	42,721	2,567	16,645	1,83
	Durchfluß (nat.)	0,87	5,147	1,343	3,831	1,70
3.2.3. (II. Mitt.)	Schallwäscher (schon.) > 1 mm	0,44	51,510	4,137	12,451	1,83
	Tauchverfahren > 1 mm	0,63	46,776	3,404	13,742	1,83
	Durchfluß (nat.)	0,21	5,416	2,353	2,278	1,70

Demnach sind noch andere Ursachen für die Veränderungen der Krümelanteile verantwortlich, die in der Unbestimmtheit zum Ausdruck kommen, welche signifikant größer ist, als es der Meßfehler zuläßt. Ob es sich hierbei um vorwiegend biologische, physikalische oder chemische Faktoren handelt, welche die Variabilität der Krümelanteile im Laufe der Zeit bedingen, kann aus den mitgeteilten Untersuchungsergebnissen nicht abgeleitet werden; über diesbezüglich eingeleitete weitere Untersuchungen wird zu einem späteren Zeitpunkt berichtet werden können.

Zusammenfassung

Die Anteile wasserstabiler Krümel werden nach zwei Vorbehandlungsweisen, einmal an naturfeuchten (I. und II. Mitt.) und zum anderen an getrockneten Proben, bestimmt. Hierzu wird ein nach bestimmten Gesichtspunkten ausgewähltes Trocknungsverfahren herangezogen, da die Art und Weise der Trocknung sowie die Lagerung der Proben von Einfluß sind. Die Krümelanteile getrockneter Proben weisen wohl keine Abhängigkeit von dem nach der Trocknung vorliegenden Wassergehalt auf, doch war nur in $< 10\%$ aller hierauf betrachteten Versuchsserien der Feuchtigkeitseinfluß zu eliminieren. In etwa 50% der Fälle war trotz der Trocknung ein signifikant von Null verschiedener Regressionskoeffizient nachzuweisen, während bei den übrigen Versuchsserien die Werte in der Gesamtheit häufig zu hoch bzw. zu niedrig liegen. An Hand der Lage der einander gegenübergestellten Regressionsgeraden (nach beiden Vorbehandlungsweisen) wird aufgezeigt, daß nur mit den im naturfeuchten Zustand ermittelten Krümelanteilen der im Augenblick der Probenentnahme vorliegende Strukturzustand charakterisiert werden kann, wobei der Feuchtigkeitseinfluß mathematisch zu eliminieren ist. Diese Feststellung wird durch vergleichende Betrachtung der nach beiden Vorbehandlungsweisen ermittelten Krümelanteile in Abhängigkeit von der Zeit und bei Gegenüberstellung mehrerer Versuchsglieder bestätigt. Weiterhin wird aus dem Unbestimmtheitsmaß auf den Einfluß weiterer Standortsfaktoren — neben dem Feuchtigkeitseinfluß — geschlossen.

Резюме

Доля водопрочных комков определялась двумя способами предварительной обработки; на образцах в состоянии их естественного увлажнения (сообщение 1. и 2.) и на высушенных образцах. Для этого пользовались определенными методами сушки, так как мет одысушки и хранения образцов оказывают влияние на результаты исследования. Доля комков в сушеных образцах, правда, не зависела от остаточного содержания влаги в пробах, однако, только в < 10% случаев всех рассмотренных с этой точки зрения серий опытов можно было исключить влияние влажности. Примерно в 50% случаев, несмотря на высушивание, можно было обнаружить достоверно отклоняющийся от нуля коэффициент регрессии, в то время, как в других сериях опытов показатели зачастую были слишком высокими или слишком низкими. На основании сопоставления регрессионных кривых (для обоих методов предварительной обработки) доказывается, что структуру почвы в момент взятия пробы можно охарактеризовать лишь при помощи доли комков, определенной в пробах с естественным увлажнением, причем, влияние влажности необходимо математически исключить. Это подтверждается сравнительным изучением найденной двумя способами доли комков в зависимости от времени и в сопоставлении многих опытов. Исходя из вышесказанного делается вывод о влиянии других факторов местопроизрастания наряду с влиянием влажности.

Summary

The portions of water-stable crumbs, after having undergone two preparatory treatments, are determined in samples of natural moisture (I. and II.) and in dried samples. This is done by a specially chosen drying method, since the way of drying and storing of the samples would have certain effects. The crumb portions of dried samples do apparently not indicate any dependence on the water content after drying, but the moisture effect was eliminated only in < 10% of all test series observed for that purpose. A significance from zero of various regression coefficients was discerned despite drying in about 50% of all cases, whereas the values of the other test groups were, in many cases, too high or too low. It has been shown by the position of the juxtaposed straight lines of regression (after the two preparatory treatments) that the structure at the moment of sampling may be characterized only on the basis of the crumb portions as determined in the state of natural moisture, with the influence of moisture to be eliminated mathematically. This establishment is confirmed by a comparing contemplation of the crumb portions found after the two preparatory treatments in dependence from time as well as by a juxtaposition of some of the test links. The influence of further site factors, in addition to the influence of moisture, is concluded from the uncertainty measure.

Literatur

AMBROŽ, Z.: Sledování Biologické Aktivity Strukturních Elementů v Půdě. Sborník Vysoké Sloly Zěmědelské v Brně 1960, H. 1, S. 1–9

ALTEMÜLLER, H. J.: Bodentypen aus Löß im Raume Braunschweig und ihre Veränderungen unter dem Einfluß des Ackerbaues. Bonn, Univ., Diss. 1957, 250 S.

ANTIPOW-KARATAJEW, I. N.; KELLERMANN, V. V.; CHAN, D. V.: Über das Bodenaggregat und seine Untersuchungsmethoden (russ.). Moskau, Verl. Akad. d. Wiss. UdSSR, 1948, 82 S.

VAN BAVEL, C. H. M.: Mean weight diameter of soil aggregates as a statistical index of aggregations. Soil Sci. Soc. Amer. Proc. 14 (1950), S. 20–23

BAVER, L. D.: Soil physics. New York, John Wiley and sons, 1956, 398 p.

BRAND, F. C.; Die Ergebnisse von Bodenstrukturuntersuchungen einiger aus der Riß-Grundmoräne und aus Löß entwickelter Bodentypen. Z. Acker- u. Pflanzenbau 112 (1961), S. 341–376

BURRICHTER, E.: Untersuchungen über die Massenentwicklung der Bodenbakterien im Laufe des Jahres. Ber. Dt. Bot. Ges. 71 (1958), S. 71–80

MC CALLA, T. M.: Influence of some microbial groups stabilizing soil structure against falling water drops. Soil Sci. Soc. Amer. Proc. 11 (1946), S. 260–263

CHEPIL, W. S.: Factors that influence clod structure and erodibility of soil by wind. II. Water-stable structure. Soil Sci. 76 (1953), S. 389–399

CHEPIL, W. S.: Seasonal fluctuations in soil structure and erodibility of soil by wind. Soil Sci. Amer. Proc. 18 (1954), S. 13–16

COCHRAN, W. G.; COX, G. M.: Experimental designs. New York, John Wiley and sons, 1950.

CZERATZKI, W.: Untersuchungen über Krümelstabilität an einem Kalkversuch. Z. Pflanzenernähr., Düng., Bodenkde. 78 (1957), S. 121–135

CZERATZKI, W.: Zur Problematik der Krümelstabilitätsmessung. In: Tag.-Ber. Dt. Akad. Landwirtsch.-Wiss. Berlin Nr. 13, 1958, S. 85–97

DVORACSEK, M.: Eine praktische Betrachtung des Naßsiebverfahrens und einige Gesichtspunkte zur Bewertung der Analysenresultate. In: Tag.-Ber. Dt. Akad. Landwirtsch.-Wiss. Berlin Nr. 13, 1958, S. 109–114

DVORACSEK, M.; DVORACSEK, M.: Die Struktur von kultivierten und im Urzustand befindlichen Böden. VI. Congr. Internat. Sci. du Sol Paris 1 (1956), S. 247–255

EBERT, D.: Fragen der Krümelstabilität unter Berücksichtigung der Meßmethodik. Z. Acker- u. Pflanzenbau 102 (1957), S. 391–408

EBERT, D.: Messung der Krümelstabilität nach der Spülmethode. In: Tag.-Ber. Dt. Akad. Landwirtsch.-Wiss. Berlin Nr. 13, 1958, S. 57–65

EMERSON, W. W.: The determination of the stability of soil crumbs. J. Soil Sci. 5 (1954), S. 233–250

FEODOROFF, A.: Compositions des agrégats tries par dimensions dans sol donné. Bulletin association Francaise pour l'étude du sol-Bulletin Mensuel 1961, Nr. 1, S. 820–821

FREI, E.: Morphologische, chemische, kolloidchemische Untersuchungen subalpiner Weide- und Waldböden der Rendzina- und der Podsolserie. Ber. Schweiz. Bot. Ges. 54 (1944), S. 269 bis 346

GÄTKE, C. R.: Untersuchungen über den Einfluß des unbelebten organischen Bodenmaterials auf die Stabilität von Bodenkrümeln gegenüber Wasser. Thaer-Arch. 4 (1960), S. 583–596

GEBELEIN, H.; HEITE, H. J.: Statistische Urteilsbildung. Berlin, Verl. Springer, 1951, 192 S.

DI GLERIA, J. A.; KLIMES-SZMIK, A.: DVORACSEK, M.: Bodenphysik und Bodenkolloidik. Jena, Fischer Verl., 1962, 795 S.

GLIEMEROTH, G.: Beeinflussung der Krümelung und der Krümeleigenschaften durch die Bodenfeuchtigkeit. Z. Acker- u. Pflanzenbau 91 (1949), S. 29–60

HALD, A.: Statistical theory with engineering applications. New York, John Wiley, 1952, 650 p.

HARTGE, H.: Die Wirkung des Kalkes auf die Strukturstabilität von Ackerböden. Hannover, TH, Diss. 1958, 83 S.

Mc Henry, J. R.; Russel, M. B.: Elementary mechanics of aggregation of puddled materials. Soil Sci. Soc. Amer. Proc. 8 (1944), S. 71—78

Kämpf, R.: Ein Beitrag zur Beurteilung und Erfassung der Bodengare bei Lößlehmböden. Z. Acker- u. Pflanzenbau 96 (1953), S. 333—366

Katschinski, N. A.: Die Natur der mechanischen Stabilität und Wasserstabilität der Bodenstruktur. In: Tag.-Ber. Dt. Akad. Landwirtsch.-Wiss. Berlin Nr. 13, 1958, S. 139—149

Kawaguchi, K.; Kita, D.: Mechanical and chemical constituents of water-stable aggregates of paddy soil with relationship to the aggregate size. Soil and Plant Food 3 (1957), S. 22 bis 28

Kawaguchi, K.; Kita, D.: A method for determining water-stable aggregate of paddy soils. Soil and Plant Food 3 (1957), S. 1—6

Koblet, R.; Wehrli, A.: Über die Struktur von Ackerböden beim Anbau von Kleegras. Z. Acker- u. Pflanzenbau 109 (1959), S. 337—354

Koepf, H.: Über den Einfluß der Vorbefeuchtung auf die Stabilität von Bodenaggregaten. Mededelingen van de landbouwhogeschool en de opzoekingsstations van de staat te Gent 24 (1959), S. 283—289

Koitzsch, R.; Kullmann, A.: Zur Krümelstabilitätmessung auf leichtem Boden (II. Mitt.). Z. Pflanzenernähr. Düng., Bodenkde. 86 (1959), S. 193—205

Koitzsch, R.; Kullmann, A.: Ein Beitrag zur Schätzung der Bodenfeuchtigkeit aus meteorologischen Daten. Z. angew. Meteorol. 4 (1960), S. 16—22

Krause, M.: Russische Forschungen auf dem Gebiete der Bodenstruktur. Landwirtsch. Jb. 73 (1931), S. 603—690

Kullmann, A.: Zur Problematik der Krümelstabilitätsmessungen und zur Methodik des Durchflußverfahrens. In: Tag.-Ber. Dt. Akad. Landwirtsch.-Wiss. Nr. 13, 1958, S. 7—35

Kullmann, A.: Ein methodischer Beitrag zur Stabilitätsmessung von Bodenaggregaten. Mededelingen van de landbouwhogeschool en de opzoekingsstations van de staat te Gent 24 (1959), S. 341—348

Kullmann, A.: Über Wasserstabilitätsbestimmungen mit einem Schallwäscher. Z. Pflanzenernähr., Düng., Bodenkde. 89 (1960), S. 114—120

Kullmann, A.: Über die Wasserbeständigkeit der Bodenkrümel, besonders in Abhängigkeit von Zeit und Bodenfeuchtigkeit. Berlin, Humboldt-Univ., Habil.-Schr. 1962

Kullmann, A.: Über den Einfluß einiger Düngungsvarianten des Feldversuches „Ewiger Roggenbau“ (Halle/S.) auf die Bodenstruktur. Thaer-Arch. 6 (1962), S. 734—741

Kullmann, A.; Klimes-Szimk, A.: Die Bedeutung einer dynamischen Betrachtungsweise bei Untersuchung der Wasserstabilität von Bodenaggregaten (russ.). Bodenkunde 1961, H. 3, S. 23—35

Kullmann, A., Klimes-Szmik, A.: Ein Beitrag zu den Veränderungen der Bodenporosität in Abhängigkeit von der Zeit. Thaer-Arch. 6 (1962), S. 712—723

Kullmann, A.; Koitzsch, R.: Zur Krümelstabilitätsmessung auf leichtem Boden. Z. Pflanzenernähr., Düng., Bodenkde. 73 (1956), S. 224—235

Kullmann, A.; Koitzsch, R.: Über den Einfluß der Beschaffenheit des Leitungswassers auf die Stabilitätsmaßzahl von Bodenaggregaten. Z. Pflanzenernähr., Düng., Bodenkde. 94 (1961), S. 163—173

De Leenheer, L.; De Boodt, M.: Soil sampling and storage for soil structure research. Mededelingen van de landbouwhogeschool en de opzoekingsstations van de staat de Gent 24 (1959), S. 257—266

De Leenheer, L.; De Boodt, M.: Determination of aggregate stability by the change in mean weight diameter. Mededelingen van de landbouwhogeschool en de opzoekingsstations van de staat te Gent 24 (1959), S. 290—300

Linder, A.: Statistische Methoden. Basel, Verl. Birkhäuser, 1951, S. 240.

Merker, J.: Untersuchungen an den Ernten und den Böden des Versuches „Ewiger Roggenbau“ in Halle (Saale). Kühn-Arch. 70 (1956), S. 153

Mitscherlich, E. A.: Zur Frage des Energieaufwandes bei der Bodenbearbeitung. Dt. Landwirtsch. 6 (1955), S. 439—440

MUDRA, A.: Statistische Methoden für landwirtschaftliche Versuche. Berlin, Verlag Parey, 1958, 336 S.

MÜLLER, G.: Untersuchungen über die Wechselbeziehungen zwischen Bodenleben, Standortsfaktoren bei Futterpflanzenarten. Wiss. Z. Humboldt-Univ. Berlin, math.-naturwiss. R., 5 (1955/56) Nr. 3, S. 191–230

MYERS, H. E.; CALLA, T. M. MC: Changes in soil aggregation in relation to bacterial numbers, hydrogen-ion concentration, and length of time soil was kept moist. Soil Sci. 51 (1941), S. 189–200

NAJMR, S.: Die Naßsiebung von Bodenaggregaten. In: Tag.-Ber. Dt. Akad. Landwirtsch.-Wiss. Berlin Nr. 13, 1958, S. 99–107

PANABOKKE, C. R.; QUIRK, J. P.: Effect of soil aggregates in water. Soil Sci. 83 (1957), S. 185 bis 195

PAYNE, D.: Some factors affecting the breakdown of soil crumbs on rapid wetting. Trans. V. Internat. Congr. Soil Sci. 2 (1954), S. 53–58

PAYNE, D.: The measurement of the breakdown of soil aggregates from determinations of surface areas. Mededelingen van de landbouwhogeschool en de opzoekingsstation van de staat te Gent 24 (1959), S. 335–340

PEELE, T. C.; BEALE, O. W.: Laboratory determination of infiltration rates of disturbed soil samples. Soil Sci. Soc. Amer. Proc. 19 (1955), S. 429–432

REEVE, R. C.: A method for determining the stability of soil structure based upon air and water permeability measurements. Soil. Sci. Soc. Amer. Proc. 17 (1953), S. 324–329

ROGOWSKI, S.: Stabilität von Bodenaggregaten, bewirkt durch Feuchtigkeit und Formpressen (engl.). Ames Univ. Iowa Stat., Diss., 1960

RUSSEL, E. W.; TAMHANE, R. V.: The determination of the size distribution of soil clods and crumbs. J. Agric. Sci. 30 (1940), S. 210–234

SCHACHTSCHABEL, P.; HARTGE, H.: Die Messung der Bodenstruktur durch Bestimmung der pF-Kurve und der Strukturstabilität. Z. landwirtsch. Forsch. 1959, 12. S.-H., S. 30–36

SCHAFFER, G.: Veränderungen der Bodenstruktur. Arb. Landwirtsch. Hochschule Hohenheim 6 (1961), S. 1–76

SCHMALFUSS, K.: Pflanzenernährung und Bodenkunde. 3. Aufl., Leipzig, Verl. Hirzel, 1950, 274 S.

SCHMALFUSS, K.: Der Feldversuch „Ewiger Roggenbau" in Halle. Phosphorsäure 17 (1957), S. 133–143

SCHREIBER, H.: Untersuchungen über den Einfluß von synthetischen Bodenverbesserern auf verschiedene physikalische Bodeneigenschaften. Z. Acker- u. Pflanzenbau 101 (1956) S. 361–394

SEIFERT, J.: The influence of moisture and temperature on the number of microorganisms in the soil. Folia Mikrobiol. 5 (1960), S. 176–180

SEKERA, F.: Was ist Bodengare? Phosphorsäure 10 (1941), S. 257–300

SEKERA, F.: Gesunder und kranker Boden. 3. Aufl., Berlin, Verl. Parey, 1951, 90 S.

SEKERA, F.; BRUNNER, A.: Beiträge zur Methodik der Gareforschung. Z. Pflanzenernähr., Düng., Bodenkde. 29 (1943), S. 169–212

SILLANPÄÄ, M.: Studies on the hydraulic conductivity of soils and its measurement. Acta Agralia Fennica 87 (1956), S. 1–109

SILLANPÄÄ, M.: The influence of the initial soil moisture content on the degree of water stable aggregation as determined by wet sieving. J. Sci. Agr ic.Soc. Finland 31 (1959), S. 233 bis 239

SLATER, C. S.: Effect of sample drying on the determination of the water-stability of soils. Soil Sci. Amer. Proc. 17 (1953), S. 75–76

SLATER, C. S.; HOPP, H.: Winter decline of soil structure in cleantilled soils. Agron. J. 43 (1951), S. 1–4.

STRICKLING, E.: The effects of soybeans on volume weight and water stability of soils aggregates, soil organic matter content, and crop yield. Soil. Sci. Soc. Amer. Proc. 15 (1951), S. 30–34

TJAGLO, G.: Der Einfluß von Leguminosen-Grasbeständen auf den Strukturbildungsprozeß. F. d. soz. Landwirtsch.-Wiss. Serie A, Prag, 1956, H. 3, S. 235–244

TJAGLO, G.: Beitrag zur Wertung der Bodenstruktur. F. d. soz. Landwirtsch.-Wiss. Serie A, Prag, 1956, H. 3, S. 228–234

TJULIN, A. F.: Saisonmäßige Schwankungen zweier qualitativ verschiedener Aggregatgruppen und ihre Verbindung mit der Zugänglichkeit der Bodennährstoffe zu den Pflanzenwurzeln (russ.). In: JOFFE, A. F.; SSAMILOWA, I. I.: Fragen der Agrophysik. Leningrad, 1957, S. 222–231

VASILIU, A.: Der Einfluß einiger Dauergramineen- und Leguminosengemische auf die Wasserstabilität der Struktur einiger Böden der Rumänischen Volksrepublik. In: Tag.-Ber. Dt. Akad. Landwirtsch.-Wiss. Berlin Nr. 13, 1958, S. 207–216

WEHRLI, A.: Untersuchungen über die Wirkung von Gräsern und Leguminosen auf die Bodenstruktur. Landwirtsch. Jb. Schweiz 7 (1958), S. 749–790

WERSCHININ, P. W.: Probleme der Bodenstruktur (russ.). In: JOFFE, A. F.; SSAMILOWA, I. I.: Fragen der Agrophysik. Leningrad, 1957, S. 207–221

WERSCHININ, P. W.: Die physikalischen Grundlagen der Strukturbildung. In: Tag.-Ber. Dt. Akad. Landwirtsch.-Wiss. Berlin Nr. 13, 1958, S. 129–138

WERSCHININ, P. W.: Die Bodenstruktur und die Bedingungen ihrer Bildung (russ.). Moskau, Verl. Akad. Wiss. d. UdSSR, 1958, 186 S.

WERSCHININ, P. W.; REWUT, I. B.: Über die Methodik der Wasserstabilitätsbestimmung des Bodens (russ.). In: Akad. d. Landwirtsch.-Wiss. UdSSR, Agrophysikalisches Institut, Gesammelte Arbeiten über Agrophysik. 5. Ausg., 1952, S. 5–16

WICHTMANN, H.: Untersuchungen zur Frage der Aggregatbindekräfte in lufttrockenen Bodenkrümeln. Z. Pflanzenernähr., Düng., Bodenkde. 71 (1955), S. 232–246

WICHTMANN, H.: Zur Methodik und Anwendung von Aggregatanalysen für ackerbauliche Fragen. Z. Acker- u. Pflanzenbau 100 (1955), S. 163–178

WOROBJEW, S. A.; JEGOROW, B. J.; KISELJOW, A. N.: Leitfaden für den praktischen Laboratoriumsunterricht auf dem Gebiete des Ackerbaues (russ.). Moskau, Staatl. Verl. landwirtsch. Lit., 1951, 126 S.

YODER, R. E.: A direct method of aggregate analysis of soils and a study of the physical nature of erosion losses. J. Amer. Soc. Agron. 28 (1936), S. 337–351

ZACHARTSCHENKO, I. G.: Zur Meßmethodik der Stabilität der Bodenstruktur (russ.). Bodenkunde 1956, H. 1, S. 54–62

ZAKOSEK, H.: Durchlässigkeitsuntersuchungen an Böden unter besonderer Berücksichtigung der Pseudogleye. Abh. Hess. Landesanst. Bodenforsch. 32 (1960), S. 1–63

ZELLER, A.; FLUNT, O.: Zur Methodik der Messung der Stabilität von Bodenkrümeln. II. Eine Schalenmethode. Veröff. Bundesanst. alpine Landwirtsch. Admont 1951, H. 5, S. 135 bis 142

Aus dem Institut für Acker- und Pflanzenbau Müncheberg
der Deutschen Akademie der Landwirtschaftswissenschaften zu Berlin
(Direktor: Prof. Dr. agr. habil. E. RÜBENSAM)

HANS EDGAR FREYTAG

Über die Saccharase-Aktivität des Bodens

Eingegangen: 26. 10. 1963

Um die biologische Aktivität des Bodens — worunter nach KOEPF (1954) die Geschwindigkeit, mit der die biochemischen Vorgänge im Boden ablaufen (≙ Reaktionsgeschwindigkeit biochemischer Vorgänge) zu verstehen ist — quantitativ erfassen zu können, mißt man (analog zur physikochemischen Reaktionskinetik) am besten die Menge eines pro Zeiteinheit gebildeten Reaktionsproduktes. Da als allgemeinstes Reaktionsprodukt aerober Zersetzungsvorgänge CO_2 auftritt, erhält man über die Verfolgung der Bodenatmung einen Einblick in den Verlauf bodenbiologischer Vorgänge bzw. kommt auf diesem Wege zur Einschätzung seiner biologischen Leistung [= Menge (bzw. proportional aufgewendete Arbeit zur Erzeugung) des Stoffwechselproduktes pro Zeiteinheit]. — Im Sinne obiger Definition können dagegen über quantitative Bestimmungen von Bodenfermenten keine Maßzahlen zur Einschätzung summarischer, biologischer Wirksamkeiten gewonnen werden. Da die „enzymatische Aktivität" vielmehr ein Indikator spezifischer Prozesse ist (DROBNIK, 1955), dürfte sich aber über derartige Fermentbestimmungen eine zusätzliche Möglichkeit bieten, von ganz anderer Seite her das vielfältig verkoppelte biologische Geschehen im Boden zu beleuchten.
Ein in unserem Institut angelegter größerer Feldversuch[1] bot die Möglichkeit, im Verlaufe einer Vegetationsperiode (1954) den Einfluß verschiedenartiger Pflanzenbestände auf die Saccharaseaktivität des Bodens zu untersuchen und weiterhin seine unter einheitlicher Nachfrucht (1955) erfolgenden Veränderungen zu erfassen.

1. Zur Versuchsanlage

Der Feldversuch lag auf einem Sandboden (verbraunter Lessivé, Bodenwertzahl 22—24, T = 4,5 — 5 mval/100 g). Von den insgesamt 24 Futterpflanzenarten und einer unbestellten Variante wurden für die Saccharase-Bestimmungen folgende Parzellen (Parzellengröße 4,6 × 4,6 m) herausgegriffen:

Knaulgras (*Dactylus glomerata* L.)	I	im 3. Jahr stehend
Schafschwingel (*Festuca ovina* L.)	II	
Deutsches Weidelgras (*Lolium perenne* L.)	III	
Luzerne (*Medicago sativa* L.)	IV	
Weißklee (*Trifolium repens* L.)	V	

[1] Der Versuch wurde von Herrn Prof. Dr. G. MÜLLER (jetzt Institut für Bodenkunde und Mikrobiologie der Karl-Marx-Universität Leipzig) angelegt, um die Wechselwirkung zwischen Bodenmikroben u. Standortfaktoren zu untersuchen (MÜLLER, 1954). Auch an dieser Stelle sei Herrn Prof. Dr. MÜLLER für die Bereitstellung der benötigten Versuchsparzellen herzlicher Dank ausgesprochen.

Gelbe Lupine (*Lupinus luteus* L.)	VI	jährlich neu ausgesät
Peluschke (*Pisum arvense* L.)	VII	
Unbestellt	VIII	

2. Methodik

2.1. Probeentnahme

In annähernd gleichen Zeitabständen (wöchentlich) wurden Durchschnittsproben entnommen, wozu jede Parzelle 9 gleichmäßig verteilte Markierungen bekam, in deren Umgebung mit Hilfe eines zylindrischen Probenehmers die Einstiche (10 cm Tiefe) erfolgten.

Nach guter Durchmischung der jeweils 9 Proben pro Parzelle und Siebung mit 0,25 mm Maschenweite (leicht gerieben) wurde — um für die beabsichtigten Parallelbestimmungen (a, b, c) von vornherein schon Fehler zu vermeiden — die gesiebte Mischprobe auf die Mitte einer Glasplatte geschüttet und zunächst strahlenförmig ausgebreitet. Von innen heraus wurden dann die Bodenproben mit einem Pinsel spiralig verteilt und mit Hilfe eines Schabers, ebenfalls strahlenförmig vom Zentrum aus über den Rand der „Verteilerplatte" hinwegführend, die Parallelproben genommen (Parallelen für Saccharaseanalysen und Trockensubstanzbestimmungen). Auf diese Weise läßt sich die in der Vertikalen auf der Verteilerplatte unvermeidbar auftretende Entmischung der Bodenpartikel (feinere Partikel „sickern" durch die gröberen hindurch und reichern sich unten an) in ihrem Einfluß auf die Parallelproben unwirksam machen, da diese durch mehrmaliges Abstreifen in Richtung der „homolog geschichteten" Horizontalen entnommen werden.

2.2. Die Saccharasebestimmung

Die quantitative Bestimmung der Saccharaseaktivität erfolgte im wesentlichen nach der von HOFFMANN und SEEGERER (1952) ausgearbeiteten und beschriebenen Methode:

20 g lufttrockener Boden wurde in 100er Meßkölbchen mit 2,5 cm³ Toluol versetzt, gut gemischt, nach 15 min mit 10 cm³ K—Na-Phosphatpuffer auf pH = 6,5 (∼ Boden-pH) gebracht, gleichzeitig das Substrat (10 cm³ 20%ige Saccharose-Lösung) zugesetzt und die Probe anschließend 23 h im Brutschrank bei 37 °C bebrütet. — Danach wurde die Probe mit gleichtemperiertem H_2O bis zur Marke aufgefüllt (Toluol über dem Eichstrich), nochmals kräftig durchgeschüttelt und eine weitere Stunde in den Brutschrank gestellt. — Nach genau 24 h wurden je 10 cm³ der über dem Boden stehenden Lösung zur Zuckerbestimmung nach SCHOR-REGENBOGEN (1935) entnommen, mit 10 cm³ FEHLINGscher Mischung und 5 cm³ H_2O versetzt, 4 min in ein kochendes Wasserbad gestellt, anschließend sofort 5 cm³ 20%ige KJ-Lösung und 5 cm³ 25%ige H_2SO_4 zugegeben (= 25 cm³ Lösung) und umschwenkend mit n/10 $Na_2S_2O_3$ titriert (gegen Titrationsende Zusatz von Stärkelösung). — Parallel dazu wurden analog die Titrationswerte von Leerproben bestimmt (enthielten 10 cm³ H_2O anstatt der 10 cm³ Lösung aus den Ansatzkölbchen). Werden nun die Titrationswerte der Saccharaseproben von denen der Leerproben subtrahiert, so erhält man — wie das Schema (Abb. 1) veranschaulichen soll — die in cm³ n/10 $Na_2S_2O_3$ (pro 20 g Bodentrockensubstanz) ausgedrückten Saccharase-Wirkwerte.

Wie sich weiter aus dem Schema ergibt, werden durch die erforderliche Leerprobenbestimmung auch kleinere Fehler (Verunreinigungen, Reagentienwechsel usw.) eliminiert. Eine von Serie zu Serie (hier in wöchentlichem Abstand) erforderliche Titernachprüfung der n/10 $Na_2S_2O_3$ bleibt jedoch unumgänglich.

2.3. Prüfung der Methode

Zwecks Prüfung der Zuverlässigkeit der gesamten Methode wurde – um gestaffelte Saccharasemengen zu erhalten – die Einwaage von einer Versuchsparzelle (Parzelle I = Knaulgras) variiert. Die so in je 2 Parallelbestimmungen ermittelten

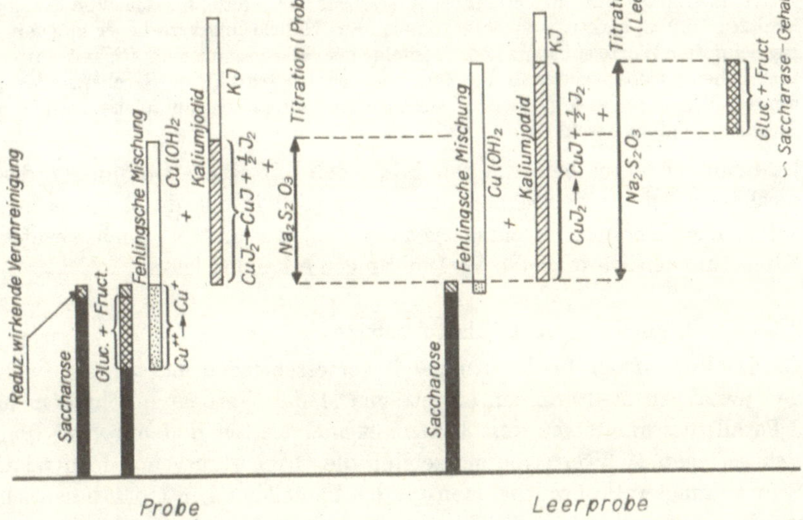

Abb. 1: Analysenschema

Saccharase-Aktivitäten gehen, wie Abbildung 2 zeigt, den Bodeneinwaagen analog (Ausgleichsgerade Y = 0,444 x – 0,199; negativer Ordinatenabschnitt ist bei einer errechneten Streuung um die Regressionsgerade von

$$s = \pm \sqrt{\frac{1}{n-2} \sum (Y_i - y_i)^2} = \pm 0{,}16 \text{ zu vernachlässigen).}$$

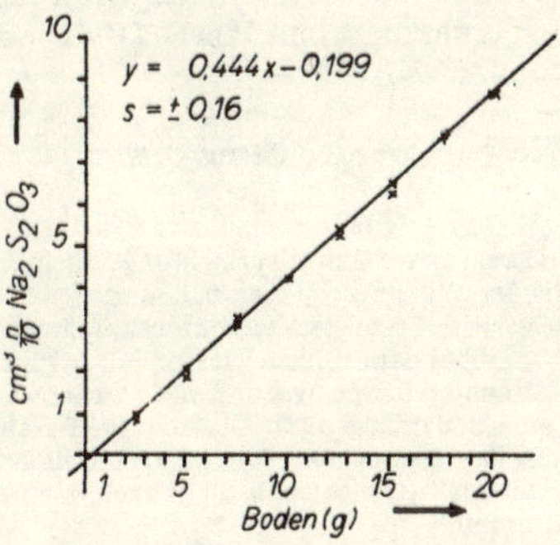

Abb. 2: Bodeneinwaage und Saccharase-Aktivität

3. Der Saccharasegehalt unter den verschiedenen Pflanzenbeständen

Bei den üblichen Saccharasebestimmungen im Boden werden „Wurzelsaccharase", sorbiertes Ferment und „Mikrobensaccharase" als Gesamtsaccharaseaktivität erfaßt (KOEPF, 1954).

Nach KRASSILNIKOW (1953), der unter Ausschaltung der Rhizosphäre in Fermentausscheidungen aus Weizen-, Mais- und Erbsenwurzeln Amylase und Invertase nachweisen konnte, kommen also auch die Wurzeln höherer Pflanzen als Saccharasequelle in Betracht. KOEPF (1954) bestätigt das Auftreten von Saccharase in den Pflanzenwurzeln. Die in frischer Wurzelsubstanz aktive Saccharase wird im Verlauf des Absterbens der Wurzel inaktiv. Von durch 2stündiges Erhitzen (100 °C) inaktiv gemachter, danach mit Nährlösung versehener und mit Bodenauszug beimpfter Wurzelsubstanz konnte infolge der Mikroorganismentätigkeit nur eine (relativ zum hohen Saccharase-Gehalt der Pflanzenwurzeln) sehr kleine Saccharase-Menge erzeugt werden. Hieraus u. a. Argumenten[2] wird auf eine im Boden nur relativ geringe mikrobielle Saccharasebildung geschlossen.

Da demnach unter bewachsenen Beständen mit einem Dominieren des Wurzelsaccharase-Anteils zu rechnen ist, müßten sich in den durchwurzelten Parzellen entsprechend höhere Saccharasegehalte nachweisen bzw. auch eventuelle, dem Wachstum zeitlich folgende Veränderungen erkennen lassen.

3.1. Originalwerte und Glättungsteste

Die im Verlauf der Beobachtungszeit gemessenen Saccharasewerte wurden über den jeweiligen Meßterminen eingetragen. Jeder Wert entspricht dem Mittel aus 3 Parallelbestimmungen (mit 3 getrennt analysierten Bodenproben). Bei einer an sich geringen Meßwertstreuung zeigten die Originalkurven jedoch relativ starke Schwankungen (Probeentnahmen aus den Parzellen). Um trotz dieser Schwankungen im Saccharasegehalt die Tendenzen evtl. im Jahresverlauf erscheinender zeitlicher Verschiebungen herausarbeiten zu können, wurden die Originalwerte mit Hilfe der Methode gleitender Durchschnitte „geglättet". Da die Wahl der Glättungsart (Zahl der einzubeziehenden Nachbarwerte, Grad der Hervorhebung des Zentralwertes) durchaus über den Erfolg eines Glättungstestes entscheidet, wurde zunächst an den stark streuenden Werten von Parzelle I versucht, das günstigste Glättungsverfahren zu finden. — Ein günstiger Glättungseffekt wäre dann erreicht, wenn mit Reduzierung von starken Schwankungen der Originalwerte im Glättungszug die wahren Kurventendenzen hervortreten könnten.

Ein Urteil über das Ausmaß der Schwankungen der Originalwerte um den Glättungszug läßt sich aus der Abweichung (δ) gewinnen, welche nach GEBELEIN und HEITE (1951) aus

$$\sqrt{\frac{1}{m} \sum (\Delta y_i)^2} = \sqrt{\frac{n-1}{n}}\, \delta \qquad \text{errechnet werden kann}$$

[2] Der Saccharasegehalt nahm im Gefäßversuch (KOEPF, 1954) analog der Wurzelvermehrung laufend zu, während er im unbewachsenen Boden praktisch konstant blieb. Mit der Wurzelverrottung nahm er wieder langsam ab, obwohl durch gleichzeitige Atmungsmessungen eine gesteigerte mikrobielle Aktivität während der Rotte nachgewiesen werden konnte. — Allerdings wurde von DROBNIK (1955) darauf hingewiesen, daß bezügl. der Mikroorganismen die Saccharase ein an die Vermehrung einer bestimmten Gruppe gebundenes und keineswegs ein die Gesamtflora charakterisierendes Enzym sei (so rief z. B. zum Boden zugesetzte Glukose eine Herabsetzung der Saccharase-Aktivität hervor, obwohl es zu einer Vermehrung der Gesamtmikroflora kam). Damit ist gesagt, daß sich die verstärkte Zersetzung organischen Materials im Boden (CO_2!) nicht unbedingt auch in einer Erhöhung der an das Mikrobenplasma gebundenen Saccharase äußern muß.

(Δy_i = Ordinatendifferenzen der Meßwerte [Originalwerte gegenüber dem Glättungspolygon], m = die Anzahl dieser Differenzen, n = die Anzahl der zur Bildung der gleitenden Mittel benutzten Folgewerte). Dieses δ besagt, daß in etwa $^2/_3$ der Fälle (Meßwerte) Abweichungen vom Ausgleichspolygon zu erwarten sind, die den Betrag

$$\delta = \pm \sqrt{\frac{n \sum (\Delta y_i)^2}{m(n-1)}}$$ nicht überschreiten.

Die zwecks Suche der günstigsten Glättungsart durchgeführten Glättungsteste ließen von den in Tabelle 1 als A, B, C, D gekennzeichneten Möglichkeiten den Fall D aus folgenden Gründen als besten erkennen: Gegenüber der einfachen Mittelbildung über die beiden Nachbarwerte ohne Gewichtserteilung (Fall A) ließ ein Weitergreifen auf y_{i-2} bzw. y_{i+2} (Fall B) die Schwankungen der Originalwerte um das Glättungspolygon größer werden ($\delta_B > \delta_A$). Darüber hinaus trat bei Test B im Kurvenzug ein streckenweise sogar gegenläufiges Pendeln um die Originalwerte auf. — Erhält andererseits, wie im Fall C, der Glättungsmittelwert y_i mehr Gewicht, so wird δ kleiner, d. h., die Abweichungen gegenüber den Originalwerten werden geringer ($\delta_C < \delta_A$). Je mehr aber dem Glättungsmittelwert y_i Gewicht

Tabelle 1
Glättungstest

	Glättungsart	Abweichung
A	$(y_{i-1} + y_i + y_{i+1}):3$	±0,96
B	$(y_{i-2} + y_{i-1} + y_i + y_{i+1} + y_{i+2}):5$	±1,00
C	$(y_{i-1} + 2y_i + y_{i+1}):4$	±0,57
D	$(y_{i-2} + 2y_{i-1} + 3y_i + 2y_{i+1} + y_{i+2}):9$	±0,77

erteilt wird (d. h., je weniger die Nachbarwerte Wirkung auf die Mittelbildung ausüben können), um so mehr wird sich das Glättungspolygon dem Verlauf der Originalwerte nähern und schließlich mit $\Delta y_i \to 0$ bzw. $\delta \to 0$ überhaupt kein Glättungseffekt mehr erreicht werden können. — Verknüpft man jedoch beide Effekte, indem man den beiderseits vom jeweiligen Mittelwert liegenden Nachbarwerten „abklingende Gewichte" erteilt, wie es im Fall D geschah, so läßt sich mit einem gut liegenden $\delta_D = 0{,}77$ ($\delta_B > \delta_D > \delta_C$) ein auch den Tendenzen analog folgender Glättungsgang erreichen.

3.2. Die im Verlauf einer Vegetationsperiode unter den verschiedenen Pflanzenbeständen erfolgten Veränderungen im Saccharasegehalt

Wenn auch die erscheinenden Schwankungen nur relativ geringe Amplituden besitzen, so lassen die in Abbildung 3 einander gegenübergestellten Saccharase-Gehalte der verschiedenen Parzellen in ihrem zeitlichen Verlauf doch einige charakteristische Veränderungen erkennen.

Während des Frühjahrs erfolgt ein offenbar dem Wurzelwachstum analog gehender allgemeiner Anstieg, und unter einigen Beständen (bei Weißklee, Luzerne, Weidelgras, Knaulgras) erscheint nach dem ersten Schnitt (Mitte Juni) ein deut-

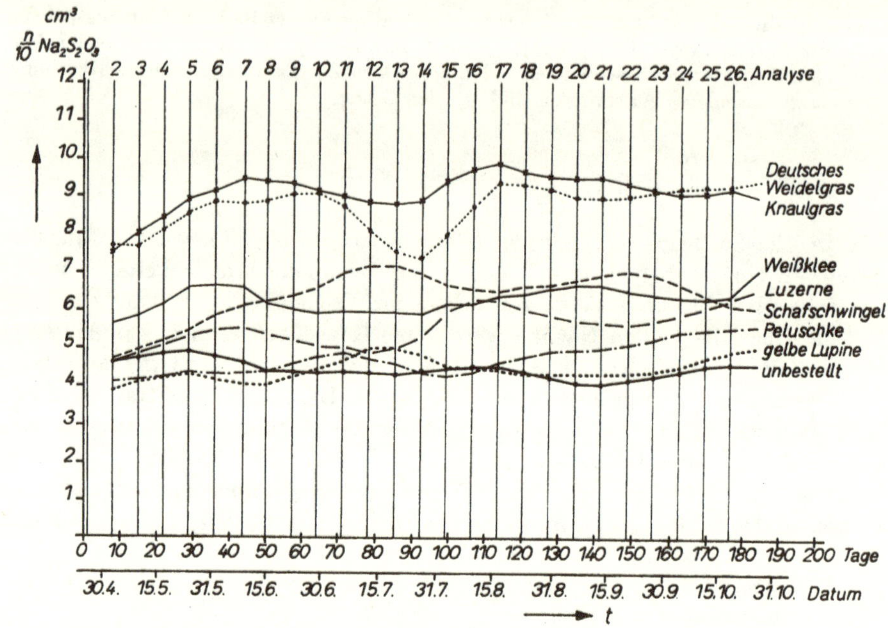

Abb. 3: Saccharase-Aktivitäten unter den Beständen

lich sichtbarer, z. T. etwas verzögert erfolgender Saccharaserückgang. Danach jedoch steigen die Saccharasewerte von Knaulgras, Weißklee, Luzerne und Weidelgras wieder an, um nach dem 2. Schnitt (Mitte August) erneut wieder zurückzugehen (besonders deutlich bei Luzerne). Die Auswirkung des 1. Schnittes bei noch rel. geringer Grünmasse des Schafschwingels und auch des vorverlegten 2. Schnittes bei Schafschwingel (Ende Juli) spiegeln sich ebenfalls im andersartigen Verlauf der Saccharasegehalte unter dieser Parzelle. Unter Luzerne und Peluschke erheben sich im Juni/Juli die Saccharasegehalte, gehen danach wieder zurück, und während Lupine dann etwa auf Grundniveau bleibt, steigt der Saccharasegehalt unter Peluschke bis zum Versuchsende erneut kontinuierlich an.

In Analogie zu obigen Befunden stehen die Ergebnisse von KOEPF (1954), welcher auch deutliche zeitliche Änderungen in den Saccharasegehalten bei Hafer- und Gemengeparzellen feststellen konnte, die in Übereinstimmung zur Vermehrung der Grün- und offensichtlich auch der Wurzelmasse standen. Obwohl nach der Ernte die ebenfalls gemessenen Atmungskurven (CO_2) infolge stark intensivierter Wurzelzersetzung anstiegen, wurde jedoch die mit dem Absterben der Pflanzen inaktivierte „Wurzelsaccharase" durch die offensichtlich erhöhte mikrobielle Tätigkeit nicht kompensiert. Jedoch lagen bei Versuchsabschluß die Haferparzellen noch über den „Unbewachsenen". Ackerbohnen, Senf, Stoppel- und Futterrüben beeinflußten auch in diesen Versuchen den Saccharasegehalt des Bodens nur wenig.

Sehr deutliche Unterschiede ergaben sich hinsichtlich der mittleren Höhenlage der Saccharase-Pegel unter den einzelnen Pflanzenbeständen. Knaulgras und Deutsches Weidelgras lagen am höchsten, Schafschwingel schwankte im Mittel um das Niveau von Weißklee, und darunter lag Luzerne. Peluschke, gelbe Lupine und die unbestellte Parzelle wiesen die niedrigsten mittleren Saccharasegehalte auf.

3.3. Probenfeuchte und Saccharaseaktivität

Die enzymatische Aktivität ist neben anderen Faktoren auch stark vom gegebenen Quellungszustand abhängig. Da die Saccharasebestimmungen hier an lufttrockenen Bodenproben vorgenommen wurden, lag es nahe nachzuprüfen, ob eine Abhängigkeit der Saccharasewerte sich auch von den jeweils vorliegenden Restfeuchtigkeitsgehalten der zur Analyse kommenden Proben ergeben würde.

Überließ man den Boden bei Zimmertemperatur einer allmählichen Austrocknung, so änderte sich die Saccharaseaktivität in den Proben, in denen keine Wurzelsubstanz enthalten war, nur wenig (in der Tendenz ergab sich erst eine schwache Zunahme, dann ein Rückgang der Saccharasewerte). Bei Bodenproben, denen hingegen frische Roggenwurzeln zugesetzt worden waren, lag die Aktivität viel höher und ging dann mit einsetzender Austrocknung der Proben stark zurück (KOEPF, 1954).

Zwecks Nachweises einer möglicherweise zwischen den Proben-Restfeuchtigkeiten [F_P] auf der Verteilerplatte (siehe unter „Methodik", 2.1.) und den ermittelten Saccharasewerten [S] bestehenden Beziehungen wurden deshalb die Korrelationskoeffizienten r_{F_PS} errechnet. Dabei ergab sich für die Parzelle I mit dem höchsten (!) mittleren Saccharasegehalt eine statistische Sicherung des Korrelationskoeffizienten. — Da hieraus zu vermuten war, daß sich diese Beziehung zwischen F_P und S evtl. von dem jeweiligen mittleren Saccharasegehalt der einzelnen Parzellen als abhängig erweisen würde, wurden die Korrelationskoeffizienten über den Saccharase-Mittelwerten aufgetragen (Abb. 4).

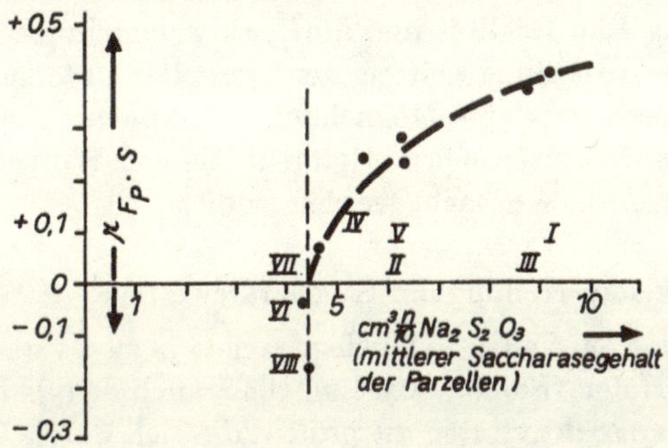

Abb. 4: Korrelation zwischen F_p und S in Abhängigkeit vom mittleren Saccharasegehalt der Parzellen

Mit Abbildung 4 kommt man nun zu folgender Aussage: Schwankungen im Restfeuchtigkeitsgehalt auf den Verteilerplatten bewirken, wie die positiven r-Werte besagen, gleichsinnige Änderungen in den Saccharaseaktivitäten (mit geringer werdender Restfeuchte, also stärkerer Austrocknung, geht auch die Saccharaseaktivität zurück — und umgekehrt). Diese Abhängigkeit der Saccharaseaktivität von der Restfeuchte wird jedoch um so loser, je niedriger der Saccharase-Pegel der Parzelle liegt. — Die gleichsinnige Abhängigkeit zwischen F_P und S ist, wie Abbildung 4 weiter erkennen läßt, nur bis zu einem bestimmten Saccharase-Pegel (ca. 4,5 cm³ n/10 $Na_2S_2O_3$) gegeben, der in Höhe des Grundniveaus der unbestellten Parzelle liegt.

Unterscheidet man in der analytisch bisher noch nicht anders faßbaren und auch hier bestimmten Gesamtsaccharase-Aktivität zwischen einem darin enthaltenen

Wurzel- bzw. Mikrobensaccharase- und einem sorptiv im Boden gebundenen Saccharaseanteil, so läßt sich für die aus Abbildung 4 hervorgehende Beziehung eine Deutung geben:

Bei den höher liegenden $r_{F_PS} = f(S)$-Werten von I, III, II, V und IV handelt es sich gerade um die Gräser- und Kleeartenparzellen, in denen der Wurzelsaccharaseanteil die positive Regression (bzw. hier die Korrelation r_{F_PS}) dominierend bestimmt. Je höher der Anteil an freier, die Sorptionsmöglichkeiten des Bodens in quantitativer Hinsicht überschreitender Wurzelsaccharase ist, um so mehr tritt also bei den Parzellen mit steigendem mittleren Saccharasegehalt eine Aktivitätsminderung infolge der Abtrocknung über eine enger werdende Korrelation in Erscheinung. — Unter den Parzellen VI (Lupine), VII (Pelusche) und VIII (Unbestellt) hingegen dürfte infolge der hier nur geringen Nachlieferung von Wurzelsaccharase im Boden noch der sorptiv gebundene S-Anteil im Gesamtsaccharasegehalt überwiegen. Dieser Anteil aber scheint auf eine Austrocknung nicht mehr oder — wie bei der unbestellten Parzelle sichtbar wird — sogar im gegenläufigen Sinne zu reagieren. Man ist geneigt, hier die Wirkung eines dem „Zwischentrocknungseffekt"[3] entsprechenden Geschehens zu vermuten (Trocknung bewirkt ein Freiwerden von sorptiv gebundener Saccharase und läßt eine höhere Saccharaseaktivität auftreten bzw. zwischen F_P und S jetzt eine gegenläufige Beziehung erkennen). — Wenn auch der für die unbestellte Parzelle errechnete negative Korrelationskoeffizient mit dem vorliegenden Material noch nicht zu sichern war, so gewinnt doch über die in ihm erscheinende Tendenz eine derartige Deutung des Kurvenverlaufes in Abbildung 4 an Realität und dürfte, in arbeitshypothetischer Hinsicht, als erste Basis für die Anstellung weiterer, jetzt gezielter Untersuchungen anzusehen sein, in denen insbesondere eine Möglichkeit zur Zerlegung der bisher allein analytisch zugänglichen Gesamtfermentaktivität in die von Wurzel, Mikroben oder Boden herrührenden Anteile gesucht werden sollte.

3.4. Prüfung der Häufigkeitsverteilung der Saccharasewerte

Im folgenden Jahr (1955) standen auf allen Versuchsparzellen je zwei verschiedene Nachfrüchte (Kartoffeln und Hafer). Somit war es möglich, auch den dadurch bedingten Einfluß auf die Sacharaseaktivitäten zu prüfen, die sich durch Wirkung der Vorfrüchte in den Parzellen im Verlaufe von 3 Jahren eingestellt hatten. In Anbetracht der relativ geringen zeitlichen Änderungen im Saccharasegehalt wurden diesmal nur zu einem Termin gegen Ende der Vegetationszeit die Saccharaseaktivitäten in den Versuchsparzellen bestimmt. Zur statistischen Beurteilung der so ermittelten Werte sollte die Varianzanalyse herangezogen werden.

Wie sich jedoch aus einer Überprüfung des bis dahin vorliegenden Materials (1954) ergab, ist eine bedeutende Voraussetzung zur Anwendung der Varianzanalyse nicht erfüllt: Die Streuungen der Saccharase weichen erheblich voneinander ab und sind, wie Abbildung 5 zeigt, von den Durchschnittswerten abhängig.

[3] Beim sogenannten „Zwischentrocknungseffekt" handelt es sich um den in Bodenatmungsuntersuchungen (infolge zwischendurch erfolgender Trocknung) nach erneuter Anfeuchtung erscheinenden starken Anstieg der biologischen Aktivität (Anstieg der CO_2-Abgabe bzw. O_2-Aufnahme der Proben), der auf ein durch die Trocknung bewirktes Freiwerden zuvor in blockierender Bindung vorliegender, leicht zugänglicher organischer Bodensubstanzen zurückgeführt wird.

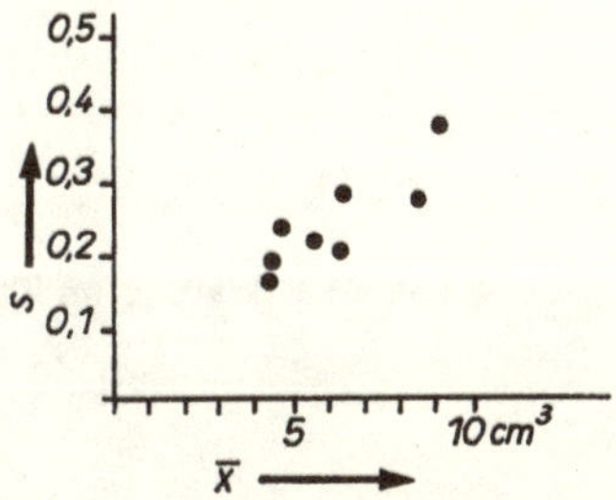

Abb. 5: Erklärung im Text

Die Streuungen s wurden aus den über die Vegetationszeit hinweg jeweils in 3 Parallelen ermittelten Saccharase-Werten errechnet und in Abbildung 5 über den entsprechenden Gesamtdurchschnittswerten x jeder Parzelle aufgetragen.

Da es eine wesentliche Voraussetzung der Streuungszerlegung ist, daß innerhalb einer jeden Klasse eine normale Verteilung der Einzelwerte herrscht, deren Streuung von Klasse zu Klasse unverändert bleibt (LINDER, 1951), wurde zunächst versucht, die dem vorliegenden Zahlenmaterial tatsächlich zugrunde liegende Häufigkeitsverteilung zu ermitteln, um daraus dann evtl. eine geeignete Meßwert-Transformation ableiten zu können.

Auch durch das von BARTLETT angegebene Verfahren (LINDER, 1951) läßt sich ermitteln, ob die Streuungen σ^2 von M Grundgesamtheiten wesentlich voneinander abweichen:

$$\varkappa^2 = v \cdot \ln s^2 - \sum_{j=1}^{M} v_j \cdot \ln s_j^2$$

Hierin hängt die Verteilung von $\varkappa^2$ nur vom Freiheitsgrad $v = M - 1$ und nicht von der Streuung σ^2 der Grundgesamtheit ab (s_j^2 mit $j = 1,2,\ldots M$ sind die Streuungen und v_j die Freiheitsgrade der M Stichproben). — Das für die Saccharasestreuungen so errechnete $\varkappa^2$ (= 61,00) wich von den für $v = 8 - 1 = 7$ gefundenen Tabellenwerten ($\varkappa^2_1 = 18{,}47$) erheblich ab ($\varkappa^2_{95} \ldots \varkappa^2_5 \lll \varkappa^2_1 \ll \varkappa^2_{0,1} < \varkappa^2$ errechn.), was besagt, daß die Streuungen der 8 Gruppen sich voneinander unterscheiden.

Die Saccharasewerte aus allen Parzellen wurden, nach Zentrierung und Normierung (zwecks Eliminierung der jahreszeitlich bedingten Schwankungen und des Angleichens der Streubreiten), über den Klassen x_i (Breite $\Delta x = 0{,}5$) nach Summierung (f_i) aufgetragen (empirische Verteilung in Abb. 6). Nach Errechnung des Mittelwertes $\bar{x} = +0{,}048 \left[= \frac{1}{n} \sum f_i x_i\right]$ und der Streuung $s = \pm 0{,}92 \left[= \frac{(\Delta x)^2}{n-1} \sum f_i (x_i - \bar{x})^2\right]$ der empirischen Verteilung konnte eine diesen Parametern entsprechende Normalverteilung hindurchgelegt werden (Abszissenachse x_i in $u_i \left[= \frac{x_i - \mu}{\sigma}\right]$ überführt (Nullpunkt $\rightarrow \bar{x}$, Einheit $\rightarrow$ s), Ordinate f_i in φ_i $\left[= \frac{n}{s} \Delta x \cdot \varphi(u_i)\right]$ mit $\varphi(u_i) = \frac{1}{\sqrt{2\pi}} e^{-1/2 u_i^2}$).

Wie schon rein visuell feststellbar, weicht die experimentell gefundene Verteilung der Saccharasewerte erheblich von der probeweise hindurchgelegten Normal-

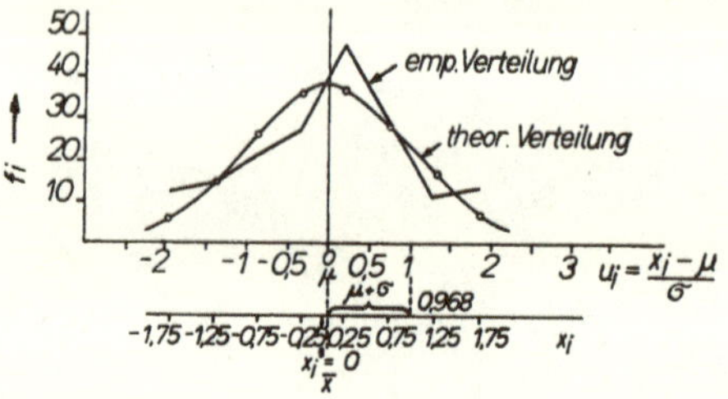

Abb. 6: Erklärung im Text

verteilung ab, die unter Verwendung der empirischen Parameter errechnet worden war.

Zur rechnerischen Prüfung des Abweichens der beobachteten von der theoretischen Verteilung kann man nach LINDER (1951) untersuchen, ob die Gesamtheit der Unterschiede der beobachteten Verteilung (f_i) von der theoretischen (φ_i) als nur zufällig oder aber als wesentlich anzusehen ist ($d_i = f_i - \varphi_i$), wobei der Ausdruck

$$\chi^2 = \sum_{i=1}^{M} \frac{d_i^2}{\varphi_i} \quad \text{als Prüfgröße dient.}$$

Die Rechnung ergab ein $\chi^2_{err.} = 20{,}64$, das über den Tabellenwerten für $\chi^2_5 = 11{,}07$, $\chi^2_1 = 15{,}09$ und $\chi^2_{0,1} = 20{,}5$ bzw. außerhalb dieser Sicherungsgrenzen liegt ($\chi^2_{95} \ldots \chi^2_5 \gg \chi^2_1 > \chi^2_{0,1} \gtrsim \chi^2_{err.}$).

Der Frage nachgehend, wie es sich mit den Abweichungen von der Normalverteilung bei den einzelnen Parzellen verhält, wurden nun die Prüfgrößen aus den normierten und zentrierten Saccharasewerten jeder der 8 Varianten errechnet und in Abbildung 7 über den jeweiligen Durchschnittsgehalten aufgetragen. Man er-

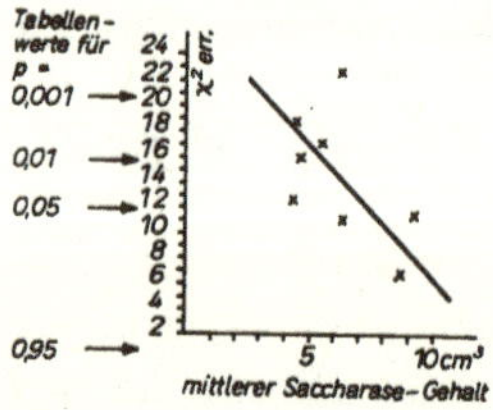

Abb. 7: Erklärung im Text

kennt hieraus, daß mit steigendem durchschnittlichen Saccharasegehalt unter den Beständen die Abweichung der experimentell für jede Parzelle gefundenen Verteilung von der hindurchgelegten, gleichparametrischen Normalverteilung immer geringer wird. — Damit lassen sich die hier experimentell gewonnenen Verteilungskurven als „Normalverteilung zweiter Art" ansprechen; denn bekanntlich nähern sich diese ebenfalls mit steigendem Mittelwert der Normalverteilung (erster Art) und gehen mit Entfernung vom Fluchtpunkt, bzw. wenn dieser ins Unendliche rückt, in eine Normalverteilung über. Eine Verteilung zweiter Art läßt sich (bei Gebrauch einer logarithmischen Abszisse) in eine gewöhnliche GAUSSsche Normalverteilung überführen, und somit ist — zwecks Anwendung der Varianzanalyse zur Verrechnung der Saccharasegehalte — die gesuchte, passende Meßwerttransformation gefunden.

Wurde nun der BARTLETT-Test mit den logarithmierten Einzelwerten durchgeführt, so ergab sich ein $\varkappa^2 = 9{,}4$, das gegenüber dem vorher mit den Originalwerten errechneten (= 61,0) jetzt zwischen den Tabellenwerten für $\varkappa^2_5$ (= 14,1) und $\varkappa^2_{95}$ (= 2,17) lag [$\varkappa^2_{95} < \chi^2_{err.} < \varkappa^2_5 \ll \varkappa^2_1 \lll \varkappa^2_{0,1}$]. — Die Unterschiede zwischen den Streuungen der 8 Parzellen liegen nunmehr so, daß man annehmen darf, die 8 Grundgesamtheiten hätten alle dieselbe Streuung, und damit lassen sich also auch die Methoden der Streuungszerlegung für die Parzellen-Saccharasewerte anwenden. — Daß nach Logarithmierung auch die aus den Werten aller Parzellen ermittelte Häufigkeitsverteilung jetzt der einer Normalverteilung entspricht, geht auch aus dem für diesen Test errechneten $\varkappa^2$ (= 11,6) hervor [$\varkappa^2_{95} < \chi^2_{err.} < \varkappa^2_5 \ll \varkappa^2_1 \lll \varkappa^2_{0,1}$].

4. Der Einfluß der Nachfrucht auf die Saccharaseaktivität

Da im folgenden Jahr (1955) auf jeder Parzelle des Feldversuches durchweg jeweils Kartoffeln und Hafer angebaut wurden, bot sich auch die Möglichkeit einer Prüfung des Einflusses von zwei verschiedenen Nachfrüchten (Hackfrucht und Getreide) auf die Saccharaseaktivitäten, welche sich nach 3jähriger Wiederholung unter den 8 Parzellen einspielen konnten.

4.1. Methodik

Die Proben wurden aus je 12 Einstichstellen jeder Nachfruchtparzelle (bis 10 cm Tiefe) entnommen und, ebenso wie unter Abschnitt 2. beschrieben, weiter behandelt. Entnahme und Probenverteilung erfolgten einheitlich für alle 2×8 Parzellen an einem Stichtag im September. Die jeweils 16 Analysen wurden blockweise und in zufälliger Reihenfolge durchgeführt (die Blöcke a, b, c befanden sich jeweils gemeinsam im Brutschrank; a wurde sofort bebrütet, b stand noch 3 Tage abgestöpselt unter Toluol bei Zimmertemperatur, während Block c sich 5 Tage unter Toluol befand, ehe auch er in den Brutschrank bzw. zur Analyse kam).
Damit sind die folgenden Grundsätze der Versuchsanlage erfüllt:

1. Die Verfahren wurden über mehrere Versuchsansätze **wiederholt**.
2. Zwecks Vermeidung von Einseitigkeit in der Zuteilung der Versuchseinheiten auf die Analysengänge ist diese Zuteilung **zufällig** erfolgt.
3. Um die „Empfindlichkeit" bzw. Effektivität des Versuches zu erhöhen, wurden die Wiederholungsanalysen in **Blöcken** durchgeführt, in denen jeweils alle auftretenden Varianten zusammengefaßt worden waren.

Bei dem Nachbauversuch handelte es sich um:

8 Vorfrüchte [V]	Knaulgras	I	
	Schafschwingel	II	
	Deutsches Weidelgras	III	
	Luzerne	IV	
	Weißklee	V	
	gelbe Lupine	VI	
	Peluschke	VII	
	Unbestellt	VIII	
2 Nachfrüchte [N]	Kartoffel α		auf jeder Vorfruchtparzelle
	Getreide β		

3 Analysen [A] (a) entnommen am 13. 9
(b) ,, ,, 15. 9.
(c) ,, ,, 20. 9.

Mit Hilfe der Varianzanalyse soll nun geprüft werden, ob sich zwischen den einzelnen Faktoren Unterschiede ergeben bzw. in welcher Richtung diese liegen. Wie in Abschnitt 3. festgestellt worden war, lag den Saccharasewerten ein multiplikatives Gestaltungsprinzip zugrunde. Da sich dieses multiplikative Prinzip durch Logarithmierung in ein additives überführen läßt, geht dadurch auch die unsymmetrische Verteilung zweiter Art in die für eine Durchführung der Varianzanalyse geforderte GAUSSsche Normalverteilung über. Um nachzuprüfen, ob auch in dem Zahlenmaterial des Nachfruchtversuches die gleichen Prinzipien (wie bei den Vorfrüchten gefunden) wirksam sind, wurden auch hier zunächst Homogenitätsteste durchgeführt.

Für jede einzelne Meßgruppe (I, I, II, II, III, . . .) wurde — vorerst unter der Annahme, daß die jeweiligen Wiederholungen a, b, c als Parallelen anzusehen seien — die Varianz s_j^2 errechnet. Mit $v = 32$ (Gesamtzahl der Freiheitsgrade innerhalb der Gruppen [≙ 16 Gruppen mit je $v_j = 2$ Freiheitsgraden]) und der Varianz innerhalb der Gruppen s^2 wurde ein BARTLETT-Test durchgeführt:

$$\varkappa^2 = v \cdot \ln s^2 - \sum_j v_j \ln s_j^2; \; j = 1, 2, \ldots, 16$$

$$\left(\text{mit } s^2 = \frac{\sum v_j \cdot s_j^2}{\sum v_j} \text{ bzw.} = \frac{\sum (x_{ji} - \bar{x}_j)^2}{\sum v_j} \text{ und } v = \sum_j v_j\right).$$

Unter Verwendung der Originalwerte ergab sich so ein $\varkappa^2 = 20{,}46$, das den $p = 5\%$-Wert ($\varkappa_5^2 = 24{,}996$) noch nicht überschreitet (nach LINDNER (1953) ist übrigens dann noch keine $\varkappa_c^2$-Errechnung nötig). An sich ist damit die Voraussetzung zur Anwendung des varianzanalytischen Prüfverfahrens gerade erfüllt. Dieser Befund ist jedoch etwas unbefriedigend, denn nach obigem müßte erwartet werden, daß sich erst nach logarithmischer Transformation der Einzelwerte die Voraussetzungen zur Anwendung der Varianzanalyse ergeben.

Bekanntlich ist der BARTLETT-Test selbst nur anwendbar, wenn die in ihn eingehenden Parallelen (Wiederholungen a, b, c) eine echte Stichprobe darstellen. Da jedoch Gründe zu der Annahme bestanden, daß evtl. systematische Unterschiede zwischen den „Parallelen“ (Blöcken) zu finden sein würden, wurde ein erneuter BARTLETT-Test — nun jedoch erst nach Ausgleich der eventuell zu erwartenden systematischen Unterschiede zwischen den Wiederholungen a, b und c — durchgeführt.

Der Ausgleich erfolgte nach KRISTENSEN (zit. bei MUDRA, 1952), indem für jede Wiederholungszeile („Blöcke“) ein Korrektursummand (K_a, K_b, K_c) nach $K = (\bar{B} - B)/n$ errechnet wurde (worin $\bar{B}$ die mittlere Blocksumme, B die jeweilige Blocksumme und n die Zahl der Meßgruppen in jedem Block [= 16] bedeutet) und diese Korrektursummanden (die die Abweichungen vom Blockmittel darstellen) den jeweiligen Einzelwerten des betreffenden Blockes zuaddiert wurden.

Mit den so gewonnenen, korrigierten Originalwerten wurde nun erneut ein BARTLETT-Test durchgeführt. Es ergab sich jetzt ein $\varkappa^2_{err.}$ (= 24,50), das größer als das mit den unkorrigierten Originalwerten errechnete war (= 20,5) und noch näher an der p = 5%-Grenze ($\varkappa^2_5$ = 24,996) lag: Die Eliminierung der Block- oder Wiederholungs-Differenzen ließ also noch eher die Streuungsabhängigkeit von der Größe der Meßgruppen-Mittelwerte hervortreten bzw. die „Schiefe" nach Bereinigung der Werte um so mehr bemerkbar werden.
Wurde mit den logarithmierten Originalwerten ein BARTLETT-Test durchgeführt, so errechnete sich erwartungsgemäß ein kleineres $\varkappa^2$ (= 16,88) als das mit den Originalwerten selbst. Wenigstens deutet diese Tendenz darauf hin, daß die den Meßwertschwankungen zugrunde liegenden Teilwirkungen auch hier multiplikativer Natur sind, wie aus Abschnitt 3. zu vermuten war.
Liegt tatsächlich eine Verteilung 2. Art vor, wird also durch Logarithmierung der Originalwerte eine echte Transformation zur Normalverteilung erreicht und ist weiterhin diese Schiefe die einzige Ursache für das Auftreten der unterschiedlichen Meßgruppenstreuung gewesen, so muß — nach Ausgleich evtl. systematisch erfolgender Abweichungen in den Wiederholungen — die Streuung innerhalb der Meßgruppen konstant bzw. identisch werden. Das bedeutet, daß das im BARTLETT-Test errechnete $\varkappa^2$ in diesem Fall noch kleiner werden muß. Tatsächlich errechnete sich nun für die zunächst korrigierten und dann logarithmierten Originalwerte ein noch kleinerer Wert für $\varkappa^2$(= 11,7).
Umgekehrt gesehen geht aus diesen $\varkappa^2$-Testen hervor, daß die geringen Meßwertstreuungsunterschiede tatsächlich mit durch die „Schiefe" der Originalwerte bedingt waren und weiterhin zwischen den einzelnen Wiederholungen (a, b, c) systematische Unterschiede zu erwarten sind.
Um auch diese „Wiederholungsvarianz" mit isolieren zu können, wurde in der nun folgenden mehrfachen Varianzanalyse mit den nicht nach KRISTENSEN korrigierten, also nur logarithmierten Originalwerten gerechnet.

4.2. Ergebnisse des Nachfruchtversuches

Die Durchführung der Streuungszerlegung führte zu der in Tabelle 2 angegebenen Gruppierung. Danach sind für die unter den Nachfrüchten ermittelten Saccharasewerte Unterschiede zu erwarten, die einmal durch die Nachfrüchte [N] selbst bewirkt wurden, andererseits aber auch noch den Vorfruchteinfluß [V] widerspiegeln. Aber auch zwischen den in zeitlicher Folge zur Analyse gekommenen Blöcken [A] werden sich nach Aussage des F-Testes, wie schon vermutet, Veränderungen nachweisen lassen. Von den Wechselwirkungen ist nur die zwischen Vor- und Nachfrüchten [N · V] gesichert, woraus zu entnehmen ist, daß sich offenbar der Einfluß der Vorfrüchte auf die unter den Nachfrüchten gefundenen Saccharasegehalte nicht in gleicher Weise äußerte. — In welcher Richtung liegen nun diese sich über den F-Test anzeigenden Unterschiede? Auskunft darüber gibt der DUNCAN-Test (DUNCAN, 1955; WEBER, 1961).
Wie aus Tabelle 3 zu ersehen, wurden allgemein unter Hafer (β) als Nachfrucht sehr gut gesichert höhere Saccharase-Werte als unter Kartoffel (α) gefunden [$\bar{\beta} \rangle\rangle\rangle \bar{\alpha}$]. Es liegt sehr nahe, hierfür die höhere Wurzelmasse des Hafers als Ursache anzunehmen.

Tabelle 2
Varianztabelle

Variabilität	SQ	FG	MQ	F	Sign.
Gesamt	2888,3283	47	—	—	—
Zwischen Nachfrüchten N	473,7440	1	473,7440	277,09	***
Zwischen Vorfrüchten V	1658,4127	7	236,9161	138,57	***
Zwischen Analysen A	41,7808	2	20,8904	12,22	***
WW N × A	1,8870	2	0,9435	0,55	—
WW N × V	667,4641	7	95,3520	55,77	***
WW V × A	21,1037	14	1,5074	0,88	—
Versuchsfehler	23,9360	14	1,7097	—	—

F(5%; 1/14) = 4,60 F(0,1%; 1/14) = 17,143
F(5%; 2/14) = 3,74 F(0,1%; 2/14) = 11,78
F(5%; 7/14) = 2,77 F(0,1%; 7/14) = 7,120
F(5%; 14/14) = 2,50

Tabelle 3
DUNCAN-Test zur Prüfung der Differenzen zwischen den „Nachfrüchten [N]", den „Vorfrüchten [V]" und den „Analysen [A]".

p	q (%; p, V_F)			Rp für [N]			Rp für [V]			Rp für [A]		
	5%	1%	0,1%	5%	1%	0,1%	5%	1%	0,1%	5%	1%	0,1%
1	—	—	—	—	—	—	—	—	—	—	—	—
2	3,033	4,210	5,856	0,81	1,12	1,56	1,62	2,25	3,13	0,99	1,38	1,91
3	3,178	4,391	6,075				1,70	2,34	3,24	1,04	1,44	1,99
4	3,268	4,508	6,223				1,74	2,41	3,32			
5	3,329	4,591	6,332				1,78	2,45	3,38			
6	3,372	4,654	6,416				1,80	2,48	3,43			
7	3,403	4,704	6,485				1,82	2,51	3,46			
8	3,426	4,743	6,542				1,83	2,53	3,49			

p = Anzahl der aufeinanderfolgenden Mittelwerte in Rangordnung
q = Tafelwerte für α in Abhängigkeit von p und FG_{Fehler}

$$s_{\bar{x}} = \sqrt{s_F^2/n}\,; \qquad Rp = q \cdot s_{\bar{x}}$$

Nachfruchtwirkung [N]: $s_{\bar{x}_N} = \sqrt{s_F^2/n_N} = 0{,}267$

	$\bar{x}_\beta$	$\bar{x}_\alpha$
log (Sacch.-Geh.) · 100	80,2	73,8
(Sacch.-Geh.)	(6,34)	(5,47)

Aussage: β ⟩⟩⟩ α

Vorfruchtwirkung [V]:

$s_{\bar{x}_V} = \sqrt{s_F^2/n_V} = 0{,}534$	$\bar{x}_{III}$	$\bar{x}_I$	$\bar{x}_V$	$\bar{x}_{IV}$	$\bar{x}_{VI}$	$\bar{x}_{VII}$	$\bar{x}_{VIII}$	$\bar{x}_{II}$
log (Sacch.-Geh.) · 100 ...	87,19	80,88	80,57	79,48	75,35	74,64	69,23	68,62
(Sacch.-Geh.)	(7,45)	(6,45)	(6,40)	(6,24)	(5,67)	(5,57)	(4,92)	(4,85)

Aussage: III ⟩⟩⟩ I, V, IV ⟩⟩⟩ VI, VII ⟩⟩⟩ VIII, II

Analysen [A]:

$s_{\bar{x}_A} = \sqrt{s_F^2/n_A} = 0{,}327$	$\bar{x}_a$	$\bar{x}_b$	$\bar{x}_c$
log (Sacch.-Geh) · 100 ...	78,12	77,07	75,81
(Sacch.-Geh.)	(6,04)	(5,90)	(5,73)

Aussage: a > b > c

(Die durch einen gemeinsamen Strich verbundenen Mittelwerte sind nur zufällig voneinander verschieden.)

Die Nachwirkung der Vorfrüchte auf die unter den Nachfrüchten gefundenen Saccharasepegel geht aus Tabelle 3 hervor. Im allgemeinen äußert sich die Vorfruchtwirkung, nach fallendem S-Gehalt geordnet, in der Folge: Deutsches Weidelgras [III] ⟩⟩⟩ Knaulgras [I], Weißklee [V], Luzerne [IV] ⟩⟩⟩ Lupine[VI], Peluschke [VII] ⟩⟩⟩ Unbestellt [VIII], Schafschwingel [II] (also III, I, V, IV, VI, VII, VIII, II gegenüber der Staffelung des Vorjahres [jetzige Vorfrüchte als Hauptfrüchte]: I, III, II, V, IV, VII, VI, VIII). Schon diese jetzt andersartige Staffelung läßt vermuten, daß die Höhe der S-Gehalte der Vorfruchtparzellen einer starken Beeinflussung durch die beiden Nachfrüchte unterlag. Die signifikante Wechselwirkung [N × V] bestätigt diese Vermutung und besagt weiterhin, daß durch den Kartoffel- oder Hafer-Nachbau die von den Vorfrüchten in den Parzellen ,,überlieferten" Saccharase-Pegel in verschiedenartiger Weise verändert wurden. — In Abbildung 8, nach der Staffelung des Vorjahres geordnet (S-Gehalte der vorjährigen Hauptfrüchte als Säulenschraffierung), fällt auf, daß durch die Nach-

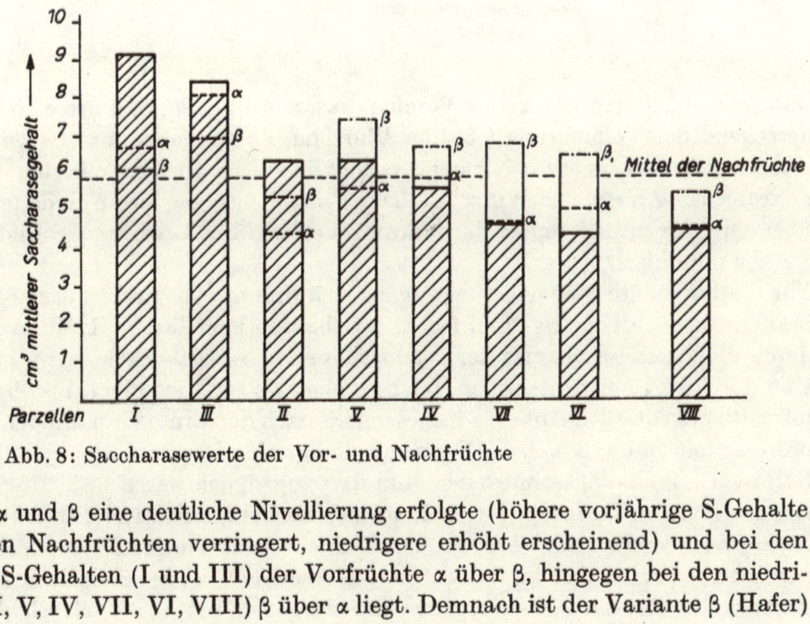

Abb. 8: Saccharasewerte der Vor- und Nachfrüchte

früchte α und β eine deutliche Nivellierung erfolgte (höhere vorjährige S-Gehalte unter den Nachfrüchten verringert, niedrigere erhöht erscheinend) und bei den höheren S-Gehalten (I und III) der Vorfrüchte α über β, hingegen bei den niedrigeren (II, V, IV, VII, VI, VIII) β über α liegt. Demnach ist der Variante β (Hafer) eine stärkere Nivellierungstendenz zuzusprechen.

Werden die Parzellen nach steigenden S-Gehalten von β geordnet, so tritt dessen Nivellierungstendenz noch deutlicher hervor, während α hingegen weitgehend den Schwankungen der unter den Vorfrüchten im Vorjahr bestimmten S-Werte folgt (Abb. 9, oben).

Versucht man eine Deutung dieser Nivellierungs-Tendenz zu geben, so wäre davon auszugehen, daß sich die gemessenen S-Gehalte aus Wurzelsaccharase, sorbiertem

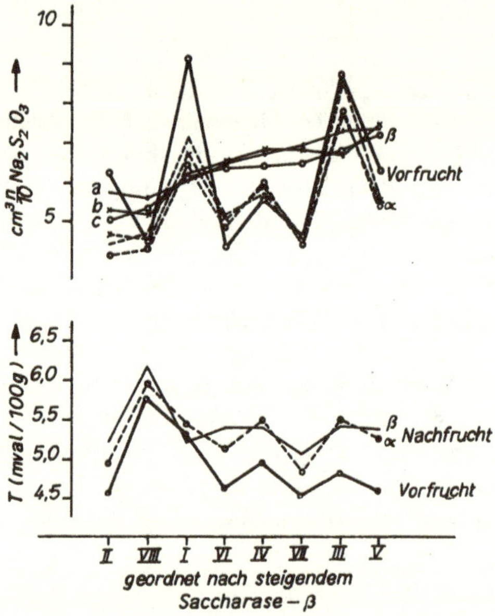

Abb. 9: Saccharasewerte (oben), Sorptionswerte (unten)

und mikrobiell synthetisiertem Ferment zusammensetzen, daß der S-Gehalt entsprechend der Vermehrung lebender Wurzelmasse zunimmt bzw. im gut durchwurzelten Boden ein etwas höherer S-Gehalt im Herbst zurückbleibt und daß beim mikrobiellen Abbau der Wurzelsaccharase der Rückgang des S-Gehaltes gegenüber einer eventuell durch die Mikrobenvermehrung bewirkten S-Bildung bei weitem dominiert.

Für die beobachtete Nivellierung ergäbe sich daraus eine Erklärungsmöglichkeit insofern, als — bei niedrigen Vorfrucht-S-Gehalten (Parzellen VIII, VI, IV, VII) — durch die Wurzelsaccharase der Nachfrüchte der S-Pegel erhöht wird, und zwar vom durchwurzelungsintensiven Hafer (β) mehr als von Kartoffel (α), wobei die infolge des mikrobiellen Abbaues insbesondere nach der Ernte einsetzenden Abbauprozesse nur insoweit auf die Fermente übergreifen konnten, als diese, in freier Form vorliegend, ungeschützt den Mikroben zugänglich waren.

Bei den höheren Vorfrucht-S-Gehalten (insbesondere der Gräser I und III) lagen andererseits bereits noch relativ größere Fermentmengen ungeschützt durch Sorptionsbindung vor, so daß im Verlauf der insbesondere bei der β-Nachfrucht-Ernte einsetzenden starken Abbauvorgänge hier der gegenüber α (mit rel. schwächerem Abbau) stärkere Rückgang im S-Gehalt erklärbar würde.

Natürlich erscheint es noch gewagt, aus dem vorliegenden Material schon endgültige Aussagen zu machen. Es bieten sich jedoch über die hier klar hervortretende Nivellierungstendenz durchaus schon Ansätze zur Durchführung auf die Lösung derartiger Zusammenhänge ausgerichteter Untersuchungen. — Überdies scheinen, wie Abbildung 9 (untere Kurve) zeigt, auch zwischen den S-Gehalten und den Sorptionswerten (T-Werte der einzelnen Parzellen) Beziehungen zu bestehen (abgesehen von der unbestellten Parzelle gehen die S-Schwankungen denen der T-Werte völlig analog, wobei die Nachbauparzellen im T-Niveau über den Vorfruchtparzellen, beide jedoch unterhalb der O-Parzelle [VIII] liegen).

Abschließend sei noch auf die in der Varianztabelle (Tab. 2) erscheinende, signifikante Analysen-Abweichung eingegangen. Weder mit den Vorfrüchten noch den Nachfrüchten in Wechselwirkung stehend, gehen — wie Tabelle 3 zeigt — die S-Gehalte durchweg von a über b nach c auf niedrigere Werte zurück ($a > b$, $a \rangle\rangle\rangle c$, $b > c$).

Die signifikanten Unterschiede zwischen den Wiederholungen lassen übrigens jetzt erkennen, daß ein Bartlett-Test an sich mit dem Zahlenmaterial der Nachfrüchte nicht ohne weiteres hätte durchgeführt werden können, sondern vorerst die a-, b-, c-Unterschiede (wie auch im Test nach der Methode von Kristensen geschehen) auszugleichen waren.

Die Proben waren für alle Parallelansätze gleichzeitig an einem Stichtag von den Parzellen entnommen, in zufälliger Folge auf die drei Blöcke verteilt und mit Toluol versetzt worden. Die Blöcke unterschieden sich lediglich insofern, als Block a sofort in den Brutschrank kam, b abgestöpselt 3 Tage und c insgesamt 5 Tage noch ohne Substrat-Zusatz unter Toluol stand, ehe mit der Inkubation begonnen wurde. — Worauf läßt sich demnach der Rückgang in den Saccharase-Gehalten zurückführen?

Neuerdings sind von Claus und Mechsner (1960) Einwände gegen die dem Toluolzusatz zugeschriebene Wirkung (Verhinderung weiterer Enzymsynthese durch lebende Zellen, Schutz der Produkte aus der enzymatischen Reaktion vor der sekundären Assimilation durch die Mikroben...) erhoben worden, da sie feststellten, daß sich die Keimzahlen (nach dem Plattengußverfahren) trotz Toluol-Zusatzes erhöhten und deshalb z. B. bei Saccharase-Zusatz eine Sekundärveratmung der freiwerdenden Glukose befürchtet werden muß. In einer Mitteilung zum gleichen Problem zitiert hingegen Drobnik (1961) die Befunde von McLaren, Reshenko und Huber (1957), die den Boden mit β-Strahlung sterilisierten (kontrolliert durch Plattentest) und zeigen konnten, daß die Harnstoffspaltung danach ebenso groß blieb wie in der nichtsterilisierten Probe. Demnach blieb also das Mikrobenwachstum während der Inkubationszeit ohne Einfluß auf die enzymatische Aktivität und wird andererseits bewiesen, daß die Plattengußmethode nicht unbedingt ein Ausbleiben der vom Toluolzusatz erwarteten Wirkung anzeigt. In den weiteren, von Drobnik diesbezüglich angestellten Versuchen (Boden [ohne und mit 2,5 bzw. 5 ml Toluol] + Glukose) konnte in den Serien ohne Toluol-Zusatz nach 24 h Inkubationszeit keine reduzierende Verbindung mehr gefunden werden, während sich unter Toluol-Zusatz die gleichzeitig anwesende Glukose-Menge nicht verringert hatte. Wurde (in einem anderen Versuch) zum Substrat Saccharose und Toluol zugesetzt, so konnte in den Warburg-Gefäßen (direkte Methode zur CO_2-Best.) nach 48 h noch kein CO_2 festgestellt werden, während ohne Toluol-Zusatz sofort eine starke Abgabe einsetzte. — Danach also vermag ein Toluol-Zusatz die Assimilation der durch die Bodenmikroflora leicht resorbierbaren Verbindungen zu unterbinden, und es ist, ohne weitere, stichhaltigere Einwände, seine Verwendung im oben angegebenen Sinne nicht abzulehnen.

Der hier zutage tretende Rückgang der Saccharasewirkung bzw. der Menge an reduzierend wirkender Substanz scheint jedoch auf andersartige Einflüsse (Denaturierung?) zurückzuführen zu sein, da lediglich die unterschiedliche Standzeit unter Toluol-Zusatz bei sonst gleichbleibenden Bedingungen (gleicher Entnahmetermin, gleiche Behandlungsweise, Inkubationszeit und -temperatur) wirken konnte[4]. Daß sich jedoch diese dadurch eingetretenen Verschiebungen in den S-Werten kaum auf die gemachten Aussagen auswirken, geht aus den sehr geringen, in Abbildung 9 mit eingezeichneten Abweichungen zwischen den Wiederholungen a, b und c hervor.

Zusammenfassung

Die Veränderung der Saccharaseaktivität des Bodens unter verschiedenartigen Pflanzenbeständen wurde in einem Feldversuch über eine Vegetationsperiode hinweg verfolgt und die Beeinflussung der erreichten Saccharasepegel durch zwei einheitlich angebaute Nachfrüchte (Hafer und Kartoffel) studiert. Da die gemessenen Saccharasewerte in ihrem zeitlichen Verlauf eine deutliche Analogie zu den Wuchsintensitäten der Pflanzenbestände zeigten, wird auf ein Dominieren des im analytisch erfaßten Gesamtsaccharasegehalt (= Wurzel- und Mikrobensaccharase sowie sorbiertes Enzym) enthaltenen Wurzelsaccharaseanteils geschlossen. Eine Möglichkeit, zwischen nicht sorbiertem und sorbiertem Saccharaseanteil unterscheiden zu können, dürfte sich aus sinnvoll gelenkten Trocknungstesten ergeben, da zwischem dem Rest-H_2O-Gehalt des lufttrockenen Bodens und der Saccharaseaktivität für das freie Enzym eine positive, für das gebundene jedoch eine negative Korrelation zu bestehen scheint. Während im Nachfruchtversuch die Saccharasewerte unter Kartoffel noch weitgehend den durch die Vorfrüchte bedingten unterschiedlichen Saccharasepegel folgten, machte sich unter Hafer eine starke Nivellierungstendenz bemerkbar, indem sich die Saccharasewerte bei den Vorfrüchten mit niedrigeren Werten erhöhten, bei den mit höheren Werten verringerten.

Резюме

В течение целого вегетационного периода изучалось изменение активности сахаразы почвы под разными культурами в полевом опыте и влияние двух культур (овес и картофель), которые возделывались в следующем году по всем предшественникам, на достигнутый уровень сахаразы. Динамика активности сахаразы во времени была аналогична интенсивности роста культур, отсюда делается вывод, что в общем количестве сахаразы почвы преобладает сахараза корней над микробной и сорбированной сахаразой. Свободную сахаразу от связанной можно отличать при помощи определенных режимов высушивания почвы, так как вероятно существует корреляция между остаточным содержанием H_2O воздушно-сухой почвы и активностью сахаразы; для свободного фермента — положительная, для сорбированного — обратная. В то время как уровень активности сахаразы под картофелем в значительной мере соответствовал различиями уровней активности сахаразы,

[4] Kürzlich ist von KLEINERT (1962) darauf hingewiesen worden, daß der Boden im lufttrockenen Zustand eine beträchtliche Minderung seiner Invertase-Aktivität erfährt. Jedoch dürfte es sich hier ebenfalls um einen andersartigen (Langzeiteffekt!) als den oben beschriebenen Effekt [Abnahme unter Toluol) handeln.

обусловленным предшественниками, под овсом наблюдалось сильное выравнивание этих различий. При этом низкие показатели несколько увеличивались, а высокие несколько снижались.

Summary

The modification of the saccharase activity of the soil under different plant stocks was observed in a field test, over an entire vegetation period, and the influence on the saccharase levels obtained was studied by two succession crops (oats and potatoes). A predominance of the root saccharase portion, which is contained in the analytically recorded total saccharase content (= root saccharase and microbe saccharase and sorbed encym), is concluded from the clear analogy which was found to exist between the timed development of the measured saccharase values and the growth intensities of the plant stocks. A purposeful control of drying tests might bring about a possibility of distinction beetwen non-sorbed and sorbed saccharase portions, since there seems to be a correlation between the H_2O rest content of the air-dry soil and the saccharase activity which is positive for the free encym, but negative for the bound one. The saccharase values under potatoes did extensively follow the variable saccharase levels caused by the preliminary crops, whereas strong trends of levelling were discerned under oats, with the saccharase values being increased for the preliminary crops with lower values, or lowered for the higher values.

Literatur

KOEPF, H.: Untersuchungen über die biologische Aktivität des Bodens. Teil I: Atmungskurven des Bodens und Fermentaktivität unter dem Einfluß von Düngung und Pflanzenwachstum. Z. Acker- u. Pflanzenbau 98 (1954), S. 289–312

DROBNIK, J.: Spaltung der Stärke durch den enzymatischen Komplex der Böden. Folia Biologica 1 (1955), S. 29–40

MÜLLER, G.: Die Wechselwirkung zwischen der Anzahl der Bodenmikroorganismen und den Standortsfaktoren bei 24 Futterpflanzenarten., Vorträge aus den Gebieten Acker- und Pflanzenbau, Bodenkunde und Pflanzenzüchtung. Berlin Dt. Verl. d. Wiss., 1954

HOFFMANN, E.; SEEGERER, A.: Enzymreaktionen und ihre Bedeutung für die Bestimmung der Bodenfruchtbarkeit. Z. Pflanzenernähr., Düng., Bodenkde. 56 (1952), S. 68–72

Handbuch der Lebensmittelchemie (BÖMER, A.; JUCKENACK, A.; TILLMANNS, J.) Allgem. Untersuchungsmethoden, 2. Teil: Chemische und biologische Methoden. Berlin, Julius Springer-Verl., 1935

KRASSILNIKOW, N. A.: Die Ausscheidung von Fermenten durch die Wurzeln höherer Pflanzen. Ref. Ber. wiss. Biol. 85 (1953), S. 51

GEBELEIN, H.; HEITE, H. J.: Statistische Urteilsbildung. Berlin, Springer-Verl., 1951

LINDER, A.: Statistische Methoden für Naturwissenschaftler, Mediziner und Ingenieure. Basel, Verl. Birkhäuser, 1951

LINDER, A.: Planen und Auswerten von Versuchen. Basel/Stuttgart, Verl. Birkhäuser, 1953

MUDRA, A.: Einführung in die Methodik der Feldversuche. Leipzig, Hirzel-Verl., 1952

DUNCAN, D. B.: Multiple Range and multiple F-Tests. Biometrics 11 (1955), S. 1–42

WEBER, E.: Grundriß der biologischen Statistik. 4. Aufl., Jena, Fischer-Verl., 1961, S. 179 bis 181

Claus, D.; Mechsner, K.: Über die Brauchbarkeit der von Ed. Hofmann ausgearbeiteten Methoden zur Bestimmung der Enzyme im Boden. Plant and Soil 12 (1960), S. 195–198

Drobnik, J.: On the role of toluene in the measurement of the activity of soil enzymes. Plant and Soil 14 (1961), S. 94–95

McLaren, A. D.; Reshetko, L.; Huber, W.: Sterilisation of soil by irradiation with an elektron beam, and some observation on soil enzyme activity. Soil Sci. 83 (1957), S. 497

Kleinert, H.: Die Bestimmung der Invertase-Aktivität des Bodens und deren Abnahme unter konstanten Lagerungsbedingungen. Thaer-Archiv 6 (1962), S. 477–484

Aus dem Institut für Chemie in der Landwirtschaft Leipzig
der Deutschen Akademie der Landwirtschaftswissenschaften zu Berlin
(Direktor: Dr. H. PETER)

SUSANNE MARKERT

Untersuchungen über Adsorptionsgleichgewichte und Desorptionsgeschwindigkeiten des Kaliums in Beziehung zur Sorptionsfähigkeit

Eingegangen: 31. 1. 1964

In Ergänzung zu den zahlreichen Arbeiten verschiedener Autoren über den Kaliumhaushalt und die Bindungsverhältnisse des Kaliums im Boden bezogen sich unsere Untersuchungen auf die spezielle Frage: Welche Rolle spielen die Sorptionseigenschaften der verschiedenen Böden hinsichtlich der Dynamik des Kaliumhaushaltes?

Für die Dynamik der Nährstoffe im Boden sind u. a. die folgenden sorptionsbedingten Faktoren maßgebend:

a) Die Gleichgewichte der Nährstoffverteilung zwischen Bodenlösung und Sorptionskomplex. Sie bestimmen den Anteil des Nährstoffvorrates, der in der Bodenlösung frei beweglich ist, d. h. die jeweilige Momentanlieferung.

b) Die Kinetik der Nährstoffnachlieferung. Sie bedingt die Geschwindigkeit der Mobilisierung des Nährstoffvorrates, wenn die Pflanze durch die Aufnahme von Nährstoffen die Konzentration der Bodenlösung verringerte.

c) Die Menge des im Boden vorhandenen Nährstoffvorrates. Die chemischen Bodenuntersuchungen sind bestrebt, ihn zu erfassen. Die Kenntnis des Nährstoffvorrates gewinnt eine erhöhte Aussagekraft, wenn die Kinetik sowie die jeweilige Momentanlieferung bekannt sind, die seine Verfügbarkeit bedingen.

Es war unser Bestreben, in Laborversuchen einige analytische Unterlagen über die skizzierten Zusammenhänge zwischen dem Sorptionsvermögen und der Nährstoffdynamik des Kaliums zu ermitteln. Die Untersuchungen bezogen sich auf zwei Fragenkomplexe:

1. Ermittlung von Adsorptionsgleichgewichten des Kaliums
2. Ermittlung von Desorptionsgeschwindigkeiten des Kaliums bei Böden verschiedener Sorptionsfähigkeit

1. Adsorptionsgleichgewichte des Kaliums

1.1. Methodik

Die Verteilungsgleichgewichte der Kaliumionen zwischen Bodenlösung und adsorbiertem Anteil ermittelten wir an 50 Versuchsböden durch Messung der Konzentrationsfunktion der Adsorption. Die Proben entstammten Krumenhorizonten sächsischer Ackerböden, deren Sorptionswerte zwischen 0,5 und 18 mval lagen. Die Bestimmung der Sorptionsfähigkeit erfolgte nach der Methylenblau-Schnellmethode (Peter und Markert, 1960; Markert 1961) unter Verwendung 0,6%-iger gepufferter MB-Lösung.

Vor der Ermittlung der Adsorptionsgleichgewichte wurden die in den Versuchsböden bereits vorhandenen K-Mengen bestimmt, und zwar benutzten wir zur Extraktion NH_4Cl-Lösungen, deren Konzentration jeweils äquivalent war mit der für die Adsorptionsversuche verwendeten KCl-Lösung. Tabelle 1 zeigt dazu 5 Beispiele. Diese K-Gehalte (c = (NH_4Cl)) wurden subtrahiert von dem in Lösung verbliebenen K bei den jeweils gleichkonzentrierten KCl-Zusätzen (c = (KCl)).

Tabelle 1

Die Gehalte an löslichem K in den Böden vor dem Zusatz der KCl-Lösungen

Konzentration des Extraktionsmittels NH_4Cl in mval/100g	Extrahiertes Kalium in mg K/100 g Boden				
	I (Seesand)	II (Sand)	III (lehmiger Sand)	IV (Lehm)	V (toniger Lehm)
0,042	0	5,5	10	10	4
0,085	0	5,5	10	11	4
0,127	0	5,5	11	12	4
0,170	0	5,5	11	12	5
0,340	0	5,5	11	13	5
0,510	0	5,5	12	14	5
0,679	n.b.	6,0	12	15	5
0,849		6,0	13	16	5
1,359		6,5	13	17	6
1,869		6,5	13	18	6
2,718		7,0	14	19	6
5,436		n.b.	15	21	6
10,871			17	22	7
21,743			n.b.	24	8
32,614				n.b.	8

Die Messung der Gleichgewichtskonzentrationen erfolgte nicht sofort, sondern jeweils 3 Tage nach dem Schütteln des Bodens mit den K-Zusätzen. Auch nach dieser Zeit erhält man noch nicht den Endpunkt der Adsorption, da nicht nur ein Gleichgewicht zwischen dem in Lösung befindlichen und dem adsorbierten K-Anteil besteht, sondern außerdem ein langsamer sich einstellendes Gleichgewicht zwischen den austauschbar adsorbierten und den zwischen den Schichtpaketen der Tonminerale des Bodens weniger beweglich adsorbierten K-Ionen. Die gemessenen Adsorptionsgleichgewichte sind also konventionell als diejenigen anzusehen, welche sich 3 Tage nach Zusatz der K-Ionen zu den Böden eingestellt hatten. Die verwendeten Konzentrationen der KCl-Zusätze waren gestaffelt zwischen 0,04 und 22 mval K/100 g Boden, wie aus Tabelle 2, Spalte 1, ersichtlich ist. Das Verhältnis Boden:KCl-Lösung betrug jeweils 1:12,5 (8 g Boden:100 ml Lösung).

1.2. Ergebnisse der Messungen von Adsorptionsgleichgewichten des Kaliums

Die vollständige Wiedergabe der Einzelergebnisse ist aus Platzgründen hier nicht möglich. Sie sind im Forschungsbericht „Untersuchungen über die physikalische Chemie der Nährstoffe im Boden im Zusammenhang mit der systematischen chemischen Bodenuntersuchung“ niedergelegt und können im Institut eingesehen werden.

Als Auszug aus den Meßdaten an 50 Versuchsböden zeigt Tabelle 2 von 5 verschiedenen sorbierenden Böden die erhaltenen Verteilungsgleichgewichte. Es sind daraus die allgemeinen Gesetzmäßigkeiten der Konzentrationsfunktion der Adsorption zu

Tabelle 2

Kalium-Adsorptionsgleichgewichte

Kalium in der ursprünglichen KCl-Lösung in mval = (c + x)	Kalium in der Lösung nach der Adsorption = c in mval	Kalium adsorbiert an 100 g Boden = x in mval	Verhältnis des gelösten K zum adsorbierten Anteil wenn c = 1	Verhältnis des adsorbierten K zur zugefügten K-Menge in %	Verhältnis des adsorbierten K zum Sorptionswert des Bodens in %
1	2	3	4	5	6
Boden I = Seesand, MB = 0,25 mval					
0,042	0,029	0,013	1: 0,448	30,95	5,2
0,085	0,068	0,017	1: 0,250	20,00	6,8
0,127	0,108	0,019	1: 0,176	14,96	7,6
0,170	0,147	0,023	1: 0,156	13,53	9,2
0,340	0,314	0,025	1: 0,080	7,35	10,0
0,510	0,485	0,025	1: 0,052	4,90	10,0
Boden II = Sand, MB = 2,0 mval					
0,042	0,008	0,034	1: 4,250	80,95	1,7
0,085	0,030	0,055	1: 1,833	64,71	2,8
0,170	0,081	0,089	1: 1,009	52,35	4,5
0,340	0,204	0,136	1: 0,667	40,00	6,8
0,510	0,340	0,170	1: 0,500	33,33	8,5
0,679	0,480	0,199	1: 0,415	29,31	10,0
0,849	0,626	0,223	1: 0,356	26,27	11,2
1,359	1,087	0,272	1: 0,250	20,01	13,6
1,869	1,571	0,298	1: 0,190	15,94	14,9
Boden III = lehmiger Sand, MB = 4,5 mval					
0,042	<0,0001	<0,042	1:> 420,000	99,999	0,9
0,085	<0,0005	0,0845	1: 169,000	99,41	1,9
0,170	0,017	0,153	1: 9,000	90,00	3,4
0,340	0,098	0,242	1: 2,469	71,18	5,4
0,679	0,318	0,361	1: 1,129	53,02	8,0
1,359	0,807	0,552	1: 0,684	40,62	12,3
2,718	1,911	0,807	1: 0,422	29,69	17,9
5,436	4,286	1,168	1: 0,274	21,49	26,0
10,871	9,597	1,274	1: 0,133	11,72	28,3
Boden IV = Lehm, MB = 10,0 mval					
0,042	<0,0001	<0,042	1: ∞	99,999	0,4
0,085	~0,0001	<0,085	1:~ 850,000	98,82	0,9
0,170	0,004	0,166	1: 41,500	97,65	1,7
0,340	0,049	0,291	1: 5,939	85,59	2,9
0,679	0,170	0,509	1: 2,994	74,96	5,1
1,359	0,510	0,849	1: 1,665	62,47	8,5
2,718	1,401	1,317	1: 0,940	48,45	13,2
5,436	3,355	2,081	1: 0,620	38,28	20,8
10,871	7,941	2,930	1: 0,369	26,95	29,3

Kalium in der ursprünglichen KCl-Lösung in mval = (c + x)	Kalium in der Lösung nach der Adsorption = c in mval	Kalium adsorbiert an 100 g Boden = x in mval	Verhältnis des gelösten K zum adsorbierten Anteil wenn c = 1	Verhältnis des adsorbierten K zur zugefügten K-Menge in %	Verhältnis des adsorbierten K zum Sorptionswert des Bodens in %
1	2	3	4	5	6
Boden V = toniger Lehm, MB = 16,5 mval					
0,042	< 0,0001	~0,042	1: ∞	99,999	0,3
0,085	< 0,0001	~0,085	1: ∞	99,999	0,5
0,170	< 0,0001	< 0,170	1: ~1700,000	99,999	1,0
0,340	0,008	0,332	1: 41,500	97,65	2,0
0,679	0,055	0,624	1: 11,345	91,90	3,8
1,359	0,242	1,117	1: 4,616	82,19	6,8
2,718	0,849	1,869	1: 2,201	68,76	11,3
5,436	2,548	2,888	1: 1,133	53,13	17,5
10,871	6,476	4,395	1: 0,679	40,43	26,6
21,743	15,373	6,370	1: 0,414	29,30	38,6

erkennen. Bei erhöhter Konzentration der zugefügten KCl-Lösung wächst die adsorbierte K-Menge (vgl. Spalte 1 mit Spalte 3 der Tabelle 2). Relativ gesehen, wird aus verdünnten Lösungen ein größerer Anteil adsorbiert als aus konzentrierteren (Spalte 5, Tabelle 2). Die Adsorption aus verdünnten Lösungen ist bei stark sorbierenden Böden so intensiv, daß nur Spuren des K in Lösung verbleiben (Spalte 4, Böden IV und V). Besonders deutlich zeigt sich der Einfluß der Sorptionsfähigkeit auf die Lage des Gleichgewichtes, wenn das Verhältnis des adsorbierten K zur zugefügten Menge bei jeweils gleicher Konzentration der Zusätze verglichen wird. Bei dem K-Zusatz von 0,34 mval zu 100 g Boden werden von Boden I (MB-Wert = 0,25 mval) nur 7,25% adsorbiert, von Boden II (MB-Wert = 2,0 mval) 40,0%, von Boden III (MB-Wert 4,5 mval) 71,2%, von Boden IV (MB-Wert 10 mval) 85,6% und von Boden V (MB-Wert 16,5 mval) 97,65%. In Abbildung 1 sind von diesen 5 Böden jeweils im logarithmischen Maßstab an der Abszisse die Konzentrationen des K in der Lösung (= c) und an der Ordinate die entsprechenden adsorbierten Anteile (= x) angetragen. Die Adsorptionsgleichgewichte werden im allgemeinen bei logarithmischer Darstellung durch Geraden gekennzeichnet, im numerischen Maßstab liegt eine Parabelfunktion vor. Der Neigungswinkel der Adsorptionsgeraden zur log-x-Achse lag bei den 50 Versuchsböden im Mittel bei $n = 0{,}455 \pm 0{,}06$. Nach der bekannten Formel von OSTWALD-BOEDEKER (1948)

$$\log x = \log K + n \cdot \log c$$

läßt sich die Höhe von x berechnen, soweit echte Adsorptionsgleichgewichte vorliegen. Bei paralleler Messung der Adsorptionsgleichgewichte des MB-Farbkationes an den gleichen Böden fanden wir für die Konstante n der genannten Gleichung den Wert 0,122. Zieht man bei c = 1 (bzw. 10^0) eine Parallele zur log-x-Achse, so wird diese von den Adsorptionsisothermen in der Höhe desjenigen Wertes des adsorbierten K geschnitten, welcher bei der Gleichgewichtskonzentration c

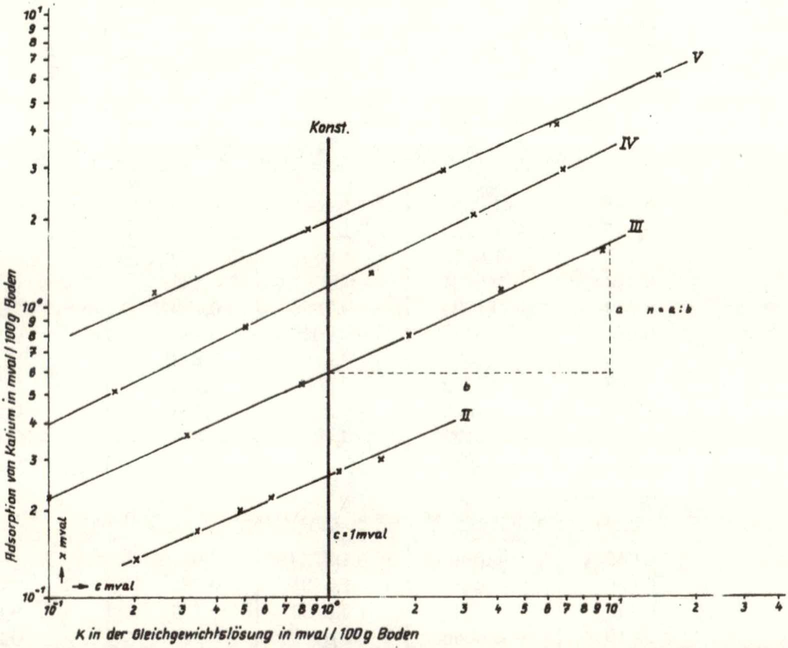

Abb. 1: Konzentrationsfunktion der K-Adsorption

in der Lösung von 1 mval vorliegt. In gleicher Weise kann aus den Meßdaten der Verteilungsgleichgewichte für jeden Wert von c der zugehörige Wert von x ermittelt werden und auch umgekehrt für jeden beliebigen Wert von x die zugehörige Gleichgewichtskonzentration von c in der Lösung.

In Tabelle 3 werden die beobachteten Werte für die Adsorption des Kaliums den berechneten zum Vergleich gegenübergestellt. Die beiden Werte stimmen annähernd überein, abgesehen von den Meßdaten, die in der Nähe der Sättigungsgrenze liegen.

Tabelle 3

Kalium-Adsorptionsgleichgewichte, logarithmische Berechnung von x

Kalium in der zugefügten Lösung	log c	log x	x mval beobachtet	x mval berechnet log x = log K + n · log c bzw. $x = K \cdot c^n$
Boden I	log K = −1,585	K = 0,026	n = 0,35	
0,042	−1,5376	−1,8861	0,013	0,0075
0,085	−1,1675	−1,7696	0,017	0,010
0,127	−0,9666	−1,7213	0,019	0,012
0,170	−0,8327	−1,6383	0,023	0,013
0,340	−0,5031	−1,6021	0,025	0,017
0,510	−0,3243	−1,6021	0,025	0,020

Kalium in der zugefügten Lösung	log c	log x	x mval beobachtet	x mval berechnet log x = log K + n · log c bzw. x = K · c^n
Boden II	log K = −0,565	K = 0,272	n = 0,450	
0,042	−2,0969	−1,4685	0,034	0,031
0,085	−1,5229	−1,2596	0,055	0,056
0,170	−1,0915	−1,0506	0,089	0,088
0,340	−0,6904	−0,8665	0,136	0,133
0,510	−0,4685	−0,7696	0,170	0,168
0,679	−0,3188	−0,7012	0,199	0,196
0,849	−0,2034	−0,6517	0,223	0,221
1,359	+0,0362	−0,5654	0,272	0,283
1,869	+0,1962	−0,5258	0,298	0,334
2,378	+0,3139	−0,4976	0,318	0,377
2,888	+0,4081	−0,4828	0,329	0,416
Boden III	log K = −0,215	K = 0,609	n = 0,455	
0,042	Spuren	−1,3768	0,04199	—
0,085	Spuren	−1,0731	0,0849	—
0,170	−1,7695	−0,8153	0,153	0,095
0,340	−1,0088	−0,6162	0,242	0,212
0,679	−0,4976	−0,4425	0,360	0,362
1,359	−0,0931	−0,2581	0,552	0,553
2,718	+0,2813	−0,0931	0,807	0,819
5,436	+0,6302	+0,0764	1,168	1,180
10,871	+0,9821	+0,1052	1,274	1,705
Boden IV	log K = 0,07	K = 1,175	n = 0,46	
0,042	Spuren	−1,3768	0,04199	—
0,085	Spuren	−1,0706	0,08499	—
0,170	−2,3979	−0,7799	0,166	0,093
0,340	−1,3098	−0,5361	0,291	0,293
0,679	−0,7696	−0,2933	0,509	0,520
1,359	−0,2924	−0,0711	0,849	0,862
2,718	+0,1464	+0,1196	1,317	1,372
5,436	+0,5257	+0,3183	2,081	2,051
10,871	+0,8999	+0,4669	2,930	3,048
Boden V	log K = 0,31	K = 2,042	n = 0,43	
0,042	Spuren	−1,3768	0,041999	—
0,085	Spuren	−1,0706	0,08499	—
0,170	Spuren	−0,7698	0,1699	—
0,340	−2,0969	−0,4789	0,332	0,256
0,679	−1,2596	−0,2048	0,624	0,587
1,359	−0,6162	+0,0481	1,117	1,109
2,718	−0,0711	+0,2716	1,869	1,903
5,436	+0,4062	+0,4606	2,888	3,053
10,871	+0,8113	+0,6430	4,395	4,559
21,743	+1,1868	+0,8041	6,370	6,612

Die Meßergebnisse der Adsorptionsgleichgewichte von allen 50 Böden wurden in Abbildung 2 so zusammengestellt, daß die K-Adsorption mit der Größe des Sorptionsvermögens der Böden verglichen werden kann. An der Ordinate ist die K-Adsorption und an der Abszisse die Sorptionsfähigkeit (bestimmt nach der MB-Schnellmethode) angetragen, die Parameterzahlen geben die Höhe der K-Zusätze

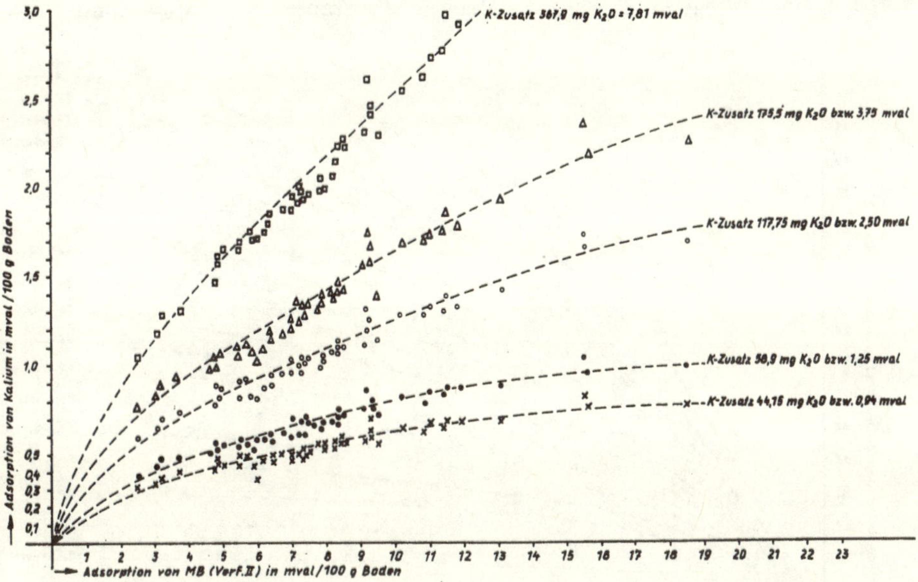

Abb. 2: K-Adsorption bei verschiedenen K-Zusätzen zu Böden unterschiedlicher Sorptionsfähigkeit

an. Die Koordinatenpunkte der verschieden sorbierenden Böden sind einzeln eingezeichnet und wurden durch mittelnde Linien verbunden. Wie leicht zu erkennen ist, steigt bei jeweils gleichem Zusatz der adsorbierte K-Anteil mit dem Sorptionsvermögen an, wenn auch nicht immer ganz regelmäßig. Dementsprechend muß bei jeweils gleichen Zusätzen mit steigender Sorptionsfähigkeit die Konzentration des K in der Lösung geringer werden.

1.3. Auswertung der MB-Zahlen bei der Ermittlung des K-Potentials in der Bodenlösung und bei der Ermittlung des adsorbierten K-Anteils

Wir haben versucht, die Meßdaten der Adsorptionsgleichgewichte des K soweit zu verallgemeinern, daß sie mit der entsprechenden Vorsicht, die bei der Übertragung von Laborbefunden in die viel komplexeren Verhältnisse der Praxis notwendig ist, praktisch auswertbar werden.

In der Praxis sind die Bindungsverhältnisse des K weit komplexer als im Laborversuch, da sie durch den Wechsel von Austrocknung und Wiederbefeuchtung sowie durch den K-Entzug der Pflanzen, die Auswaschung, die Düngung mit Kalk und NH_4-Düngemitteln, ferner durch die Beimengung von Na- und Mg-Ionen in den Kali-Handelsdüngemitteln variiert werden, so daß die Auswertung der Adsorptionsgleichgewichte nur orientierende Anhaltspunkte zu geben vermag. Diese Einschränkung muß im folgenden beachtet werden. Wir planen die Auswertung von Feld- und Gefäßversuchen zu diesem Fragenkomplex.

Zur Auswertung der Adsorptionsgleichgewichte an verschieden sorbierenden Böden mit verschiedenen Zusätzen an KCl stellten wir zwei Auswertungsdiagramme auf. Das erste in Abbildung 3 dient zur Ablesung der Höhe der K-Adsorption einer Düngergabe, wenn die Menge des austauschbaren K (= Summe des

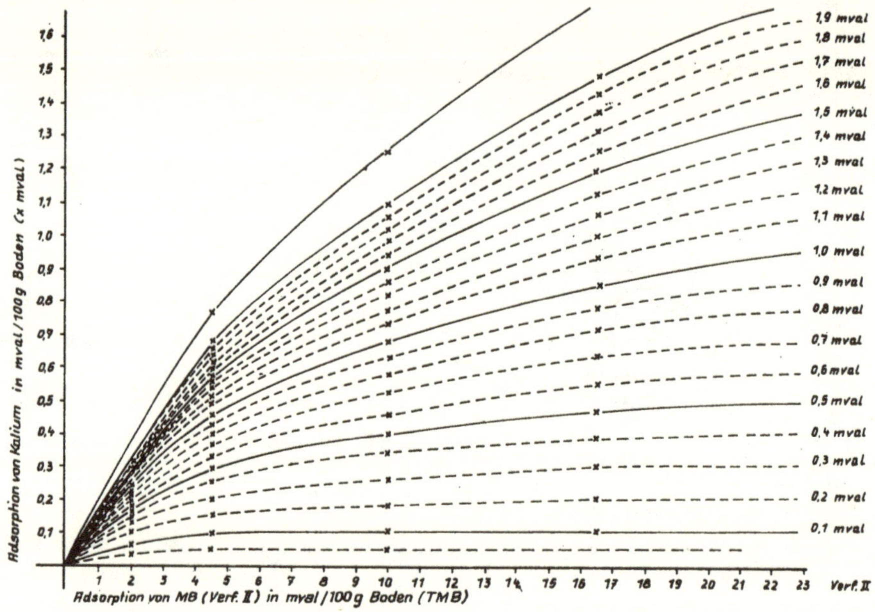

Abb. 3: Beziehung zwischen K-Adsorption (x) und Gehalt an austauschbarem K (c + x bzw. Summe aus gelöstem und adsorbiertem K im Boden) bei Böden von unterschiedlicher MB-Sorptionsfähigkeit

Parameter: Summe von K in der Bodenlösung und adsorbiertem K(c + x) bzw. austauschbares K

K in der Bodenlösung und des adsorbierten K) und die Höhe des MB-Sorptionswertes bekannt sind. Die Veränderung der adsorbierten K-Anteile bei der Kalidüngung ist daraus zur Orientierung annähernd abschätzbar, z. B.:

Zu einem leichten Boden von 2,0 mval MB-Sorption und 0,1 mval Gehalt an austauschbarem K werden 0,1 mval K (entsprechend 350 kg 40%igem Kalisalz) zugefügt. Die K-Adsorption erhöht sich von 0,065 auf 0,1 mval. Die Ablesung ergibt die adsorptive Aufnahme des Düngekalis von 0,035 mval, d. h. 35% davon werden von diesem Boden adsorbiert, 65% verbleiben zunächst in der Bodenlösung, aus der sie leicht ausgewaschen werden können.
Von einem stark sorbierenden Boden mit 16,5 mval MB-Sorption und 0,2 mval Gehalt an austauschbarem K (= 8 mg) wird bei gleicher Düngergabe die K-Adsorption von 0,2 auf über 0,295 mval erhöht. Daraus ist entsprechend abzuleiten, daß von der Düngergabe über 0,095 mval, d. h. mehr als 95% adsorbiert werden und nur kleine Mengen in der Bodenlösung zur unmittelbaren Wirkung kommen.

Zur Erleichterung der Ablesung wurden die aus Abbildung 3 ablesbaren Daten in der Auswertungstabelle 4 zusammengestellt. Im Kopf der Tabelle sind in der

Tabelle 4
Ermittlung des adsorbierten K-Anteils bei bekanntem Gehalt an austauschbarem K und bekannter MB-Sorption

Austauschbares Kalium mg K_2O in 100 g Boden	mval K	MB-Sorption in mval/100 g Boden (Schnellverfahren II) 2	4	6	8	10	15	20	
		Die Zahlen beziehen sich auf das adsorbierte Kalium							
2,4	0,05	0,035	0,05	0,05	0,05	0,05	0,05	0,05	mval
		1,6	2,4	2,4	2,4	2,4	2,4	2,4	mg K_2O
4,7	0,1	0,06	0,09	0,1	0,1	0,1	0,1	0,1	mval
		2,8	4,2	4,7	4,7	4,7	4,7	4,7	mg K_2O
9,4	0,2	0,1	0,14	0,16	0,17	0,18	0,19	0,20	mval
		4,7	6,6	7,5	8,0	8,5	8,9	9,4	mg K_2O
14,1	0,3	0,13	0,19	0,22	0,24	0,26	0,29	0,30	mval
		6,1	8,9	10,5	11,3	12,2	13,7	14,1	mg K_2O
18,8	0,4	0,15	0,24	0,28	0,32	0,34	0,38	0,40	mval
		7,1	11,3	13,2	15,1	16,0	17,9	18,8	mg K_2O
23,6	0,5	0,165	0,27	0,33	0,37	0,40	0,46	0,48	mval
		7,8	12,7	15,5	17,4	18,8	21,7	22,6	mg K_2O
28,3	0,6	0,18	0,30	0,38	0,42	0,46	0,53	0,57	mval
		8,5	14,1	17,9	19,8	21,7	25,0	26,8	mg K_2O
33,0	0,7	0,19	0,33	0,42	0,48	0,52	0,61	0,66	mval
		8,9	15,5	19,8	22,6	24,5	28,7	31,1	mg K_2O
37,7	0,8	0,205	0,36	0,46	0,53	0,58	0,69	0,75	mval
		9,7	17,0	21,7	25,0	27,3	32,5	35,3	mg K_2O
42,4	0,9	0,22	0,39	0,50	0,57	0,63	0,75	0,83	mval
		10,4	18,4	23,6	26,8	29,7	35,3	39,1	mg K_2O
47,1	1,0	0,23	0,42	0,53	0,61	0,68	0,81	0,92	mval
		10,8	19,8	25,0	28,7	32,0	38,2	43,3	mg K_2O
56,5	1,2	0,25	0,47	0,59	0,70	0,77	0,94	1,08	mval
		11,8	22,1	27,8	33,0	36,2	44,3	50,9	mg K_2O
65,9	1,4	0,27	0,51	0,65	0,78	0,86	1,07	1,23	mval
		12,7	24,0	30,6	36,7	40,5	50,4	57,9	mg K_2O
75,4	1,6	0,285	0,55	0,70	0,84	0,94	1,20	1,38	mval
		13,4	25,9	33,0	39,6	44,3	56,5	65,0	mg K_2O

Berechnung der Dünger-Kalium-Adsorption in %: $\frac{x_2 - x_1 \cdot 100}{a_2 - a_1}$

x_1 = adsorbiertes K vor der Düngergabe bei der austauschbaren K-Menge von a_1

x_2 = adsorbiertes K nach der Düngergabe bei der Summe des austauschbaren K und des zugegebenen K (= a_2)

Horizontalreihe die MB-Sorptionswerte angegeben und in der ersten Vertikalreihe die Menge des austauschbaren Kaliums. In den entsprechenden Kreuzungspunkten ist die adsorbierte K-Menge ersichtlich.

Die Daten können auch Anhaltspunkte darüber vermitteln, in welcher Höhe starke K-Düngergaben unzweckmäßig erscheinen, weil ein zu großer Anteil davon in der Bodenlösung verbleibt und daher der Auswaschung unterliegen kann. Als Beispiel hierzu wurden diejenigen Dünger-K-Mengen berechnet, die zu etwa 70% von den verschieden sorbierenden Böden adsorbiert werden, 30% des K bleiben dann jeweils in der Bodenlösung. Es ergaben sich die in der Tabelle 4 durch Umrahmen gekennzeichneten K-Mengen, bis zu denen die Böden mit verschiedenen MB-Sorptionswerten aufgedüngt werden können, ohne daß mehr als 30% des K in der Bodenlösung verbleiben. Nach den genannten Gesichtspunkten wäre es z. B. nicht zweckmäßig, leichte Sandböden unter 2 mval MB-Wert (Tabellenkopf) auf mehr als 5 mg austauschbares K (1. senkrechte Spalte) zu bringen, ferner die anlehmigen und lehmigen Sande mit 4,0 bzw. 6,0 mval MB-Werten auf mehr als 10 bzw. 20 mg K und die sandigen Lehme mit 8 mval MB-Wert auf mehr als 35 mg K. Bei Böden noch höherer Sorption ist auch bei extremen Kaligaben keine K-Auswaschung zu befürchten. Hier begrenzen dann andere Gesichtspunkte die Höhe der zweckmäßigen Düngung, wie z. B. die Cl-Ionen-Konzentration, der Dispersitätsgrad oder antagonistische Einflüsse zu den Mg^{++}- bzw. Ca^{++}-Ionen.

Das Diagramm der Abbildung 4 ermöglicht die orientierende Ableitung des frei beweglichen K in der Bodenlösung bei bekannter Menge an austauschbarem K und bekanntem MB-Sorptionswert. An der Abszisse ist der MB-Wert angetragen und an

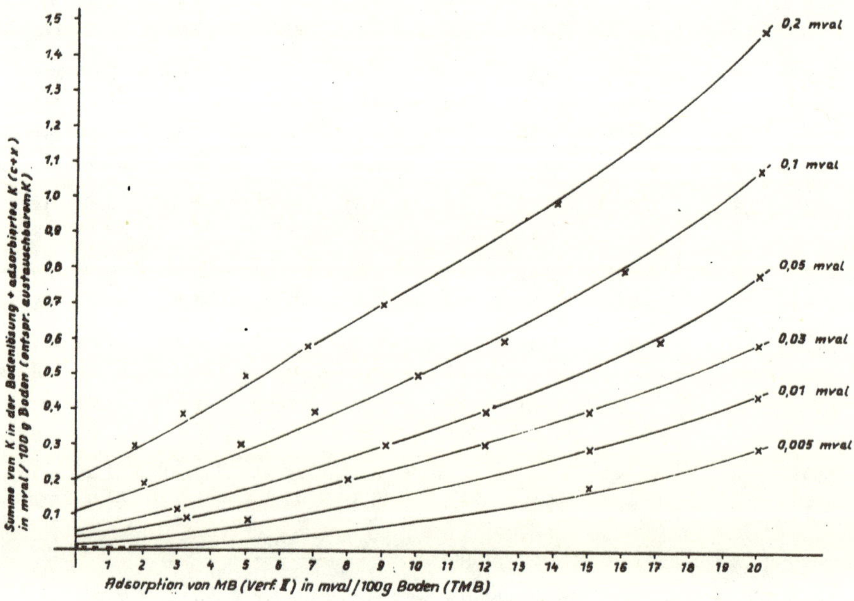

Abb. 4: Böden gleicher K-Beweglichkeit (K-Potential in der Bodenlösung)
Parameter: K in der Bodenlösung in mval

der Ordinate die Summe des K in der Bodenlösung und des adsorbierten K (c + x) in mval (entspricht dem austauschbaren K). Die Parameterzahlen geben die Konzentration des K in der Lösung in mval an. Die Linien kennzeichnen demnach Böden gleicher K-Beweglichkeit. So waren im Laborversuch z. B. zur Erreichung der K-Konzentration von 0,05 mval (= 2 mg K) in der Bodenlösung die in Tabelle 5 angegebenen Gehalte an austauschbarem K notwendig.

Tabelle 5

Böden verschiedener Sorptionsfähigkeit mit gleichem K-Gehalt in der Lösung

Kalium in der Lösung mval	Austauschbares K pro 100 g Boden		Sorptionsfähigkeit (MB-Methode, 0,6%ige gepufferte Lösung) mval pro 100 g Boden	austauschbares K in % des Sorptionswertes
	in mval	in mg K_2O		
0,05	0,08	3,8	2	4,0
0,05	0,14	6,6	4	3,5
0,05	0,20	9,4	6	3,3
0,05	0,27	12,7	8	3,4
0,05	0,34	16,0	10	3,4
0,05	0,53	25,0	15	3,5
0,05	0,80	37,7	20	4,0

Die erforderlichen austauschbaren K-Mengen betragen im genannten Falle von 0,05 mval K in der Bodenlösung jeweils 3,3—4,0% des Sorptionswertes, d. h., der K-Sättigungsgrad muß etwa gleich sein. Wird ein jeweils gleicher Gehalt an K in der Bodenlösung angestrebt, so muß auch der K-Sättigungsgrad jeweils in gleichbleibender Höhe liegen, d. h., die Mengen des austauschbaren K müssen mit der Sorptionsfähigkeit der Böden ansteigen. Es sind z. B. beim Sorptionswert von 2 mval etwa 4 mg austauschbares K_2O und beim Sorptionswert von 15 mval etwa 25 mg K_2O erforderlich, damit die K-Konzentration in der Bodenlösung vergleichbar ist (etwa 0,05 mval K bzw. 2,4 mg K_2O). Aus den in Abbildung 4 dargelegten Untersuchungsdaten läßt sich berechnen, daß die folgenden relativen Anteile des K am Sorptionsvermögen vorliegen müssen, wenn jeweils vergleichbare Gehalte in der Bodenlösung angestrebt werden (Tab. 6).

Auf einen unmittelbaren Zusammenhang zwischen den sorptionsbedingten Gleichgewichtskonzentrationen des K in der Bodenlösung und der Verfügbarkeit der im

Tabelle 6

Angestrebte Konzentration des K in der Bodenlösung		Anteil des K am Sorptionswert
mval	mg K_2O/100 ml	in %
0,005	0,2	0,5 – 1,5
0,01	0,5	1,5 – 2,2
0,03	1,4	2,5 – 3,0
0,05	2,4	3,3 – 4,0
0,1	4,7	5,0 – 8,0

Boden enthaltenen K-Vorräte weisen Untersuchungsbefunde von STRASMANN, QUIDET und BLANCHET (1958) hin. Bei Kalidüngungsversuchen auf Versuchsfeldern in ganz Frankreich ergab sich, daß die Kaliversorgung der Pflanzen weniger vom absoluten Gehalt an austauschbarem K oder an Reserve-K (Säureextraktion) abhängt, sondern weitgehend von dem relativen Anteil der K-Ionen an der Sorptionskapazität, d. h. dem K-Sättigungsgrad, bestimmt wird.

Die Auswertung der bisherigen Untersuchungsbefunde ermöglichte die Aufstellung von Diagrammen, aus denen die orientierende Ableitung des frei beweglichen K in der Bodenlösung und des adsorbierten K-Anteils bei bekannter Menge des austauschbaren K und bekanntem MB-Sorptionswert erfolgen kann. Als Beitrag für die praktische Kaliumdüngung kann aus der daraus abgeleiteten Auswertungstabelle die höchste noch zweckmäßige Kaliumgabe (mit z. B. 70% adsorbiertem Anteil) abgelesen werden. Es konnte gezeigt werden, in welchem quantitativen Ausmaß die Höhe der Sorptionsfähigkeit der Böden die Lage des Gleichgewichtes zwischen den in Lösung befindlichen K-Ionen und dem adsorbierten Anteil beeinflußt.

Die Besonderheiten des Kaliumhaushaltes im Vergleich mit dem anderer Ionen sind besonders in dem engen Wechselverhältnis zwischen den verschiedenen Bindungsstufen der Kaliumionen begründet, das sich in den Erscheinungen der Nachlieferung und Fixierung von Kalium ausdrückt. Diese Besonderheiten müssen bei der Beurteilung des K-Haushaltes in die Untersuchung einbezogen werden.

Den Pflanzen steht natürlich zuerst das Kalium der Bodenlösung zur Verfügung, da es beweglich ist und entsprechend dem Diffusionsgefälle zu den Wurzeln diffundieren kann. Wird das in der Bodenlösung befindliche K durch Aufnahme oder Auswaschung entfernt, so wird es aus den adsorptiven Bindungen wieder ergänzt, da es sich um Gleichgewichte handelt. Im Laufe der Vegetationsperiode kann das gesamte ursprünglich austauschbare adsorbierte K löslich werden. Da das austauschbare K andererseits auch im Gleichgewicht mit dem fixierten, nichtaustauschbaren K steht, so wird aus den hier vorhandenen mehr oder weniger hohen K-Reserven auch das Potential des austauschbaren K wieder ergänzt, wenn auch mit langsamerer Geschwindigkeit. Das trifft vor allem für Böden mit hohem Gehalt an tonigen Sorptionsträgern zu.

2. Desorptionsgeschwindigkeit des Kaliums im Vergleich zu den Sorptionswerten

In Anknüpfung an die Terminologie von SCHUFFELEN und BOLT (1958) kann die Versorgung der Pflanze im Laufe der Wachstumsperiode durch die Desorptionspotentiale gekennzeichnet werden.

2.1. Methodik

Das Desorptionsvermögen verschieden sorbierender Böden für Kalium suchten wir durch fraktionierte Perkolation zu erfassen, um dadurch experimentelle Unterlagen über die Dynamik der Mobilisierung der K-Vorräte zu erhalten.

Die Potentiale der K-Nachlieferung wurden an 12 Böden von unterschiedlicher Sorptionsfähigkeit ermittelt, und zwar wurden je 8 g Boden zunächst mit 100 ml einer KCl-Lösung bestimmter Konzentration (29,6 mg K/100 ml entspr. 9,26 mval K/100 g Boden) ins Gleichgewicht gebracht. Drei Tage darauf begann die Perkolation von insgesamt 2500 ml Wasser durch die Böden, wobei Fraktionen von je 100 ml getrennt aufgefangen wurden. Danach eluierten wir noch 25mal mit 0,5 n HCl. Zum Teil war es aus meßtechnischen Gründen notwendig, die Perkolate mit Hilfe von Wofatit (KPS 200) zu konzentrieren. Die Perkolationsgeschwindigkeit lag bei 60 ml H_2O pro Stunde.

2.2. Ergebnisse der Perkolationsmessungen

Die Meßdaten sind aus Abbildung 5 ersichtlich. An der Abszisse sind die ml H_2O, die durch die Böden perkolierten, und an der Ordinate die K-Konzentrationen in den Perkolaten angetragen, und zwar jeweils im logarithmischen Maßstab. In der Fraktion 1 treten zunächst die schon beschriebenen Adsorptionsgleichgewichte auf, wobei um so mehr des zugefügten K in Lösung verbleibt, je geringer die

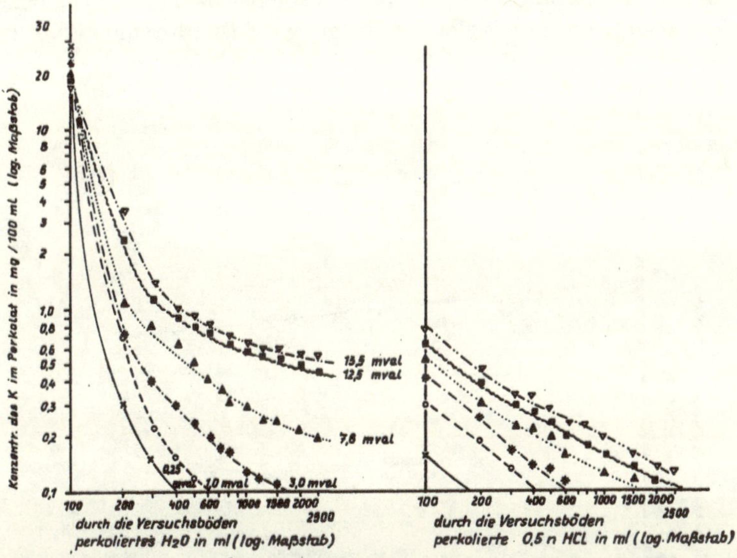

Abb. 5: Fraktionierte Desorption des Kaliums, links mit H_2O, rechts mit 0,5 n HCl bei Böden mit verschiedener Sorptionsfähigkeit

Die Linien geben die Konzentration der Perkolate an K bei steigendem Durchfluß des Eluierungsmittels H_2O bei jeweils gleichen Böden an. Parameterzahlen = MB-Sorption

Sorptionsfähigkeit des Bodens ist. In den darauf folgenden Fraktionen kehrt sich jedoch das Bild allmählich um, denn in den fortgeschrittenen Stadien der Desorption waren die Konzentrationen des K in den Perkolaten um so höher, je größer die Sorptionswerte der betreffenden Böden sind. Der Sand mit 1,0 mval MB-Sorptionswert war nach 6 Fraktionen bereits erschöpft. Die Mobilisierungsgeschwindigkeit verminderte sich sehr rasch, trotz des anfänglich sehr hohen K-Zusatzes. Auch bei dem Sandboden von 3 mval MB-Wert fällt die Desorptionskurve noch steil ab, die Erschöpfung der Nachlieferung war nach 19 Fraktionen festzustellen. Die stark sorbierenden Böden lieferten dagegen das Kalium gleichmäßig in ziemlich hohen

Konzentrationen bis zum Ende der Versuche nach. Die in jeweils 100 ml Perkolat enthaltenen K-Mengen lagen bei Böden mit MB-Sorptionswerten über 10 mval in allen Fraktionen von 400—2500 ml Durchfluß zwischen 0,8 und 0,4 mg K/100 ml. Das Potential der K-Nachlieferung war bei den stark sorbierenden Böden selbst nach der Perkolation von 2500 ml H_2O noch nicht erschöpft, sondern wies höhere K-Konzentrationen der Perkolate auf als die schwach sorbierenden Böden unter 3 mval Sorption nach der Perkolation von nur 500 ml H_2O. Es wäre noch mehr Kalium desorbiert worden, wenn wir die Behandlung ad infinitum fortgesetzt hätten. Aus dem Kurvenverlauf der Abbildung 5 wird (im ganzen gesehen) deutlich, daß die Versorgung der Pflanzen im Hinblick auf die fortlaufende Nachlieferung des K bei gleicher Anfangskonzentration der K-Gabe weitgehend von der Höhe der Sorptionswerte der Böden abhängig ist.

Bei der Art der Darstellung in Abbildung 6 verbinden die Linien die Konzentration der Perkolate an K bei jeweils gleicher Menge des Wasserdurchflusses. Aus dem mit

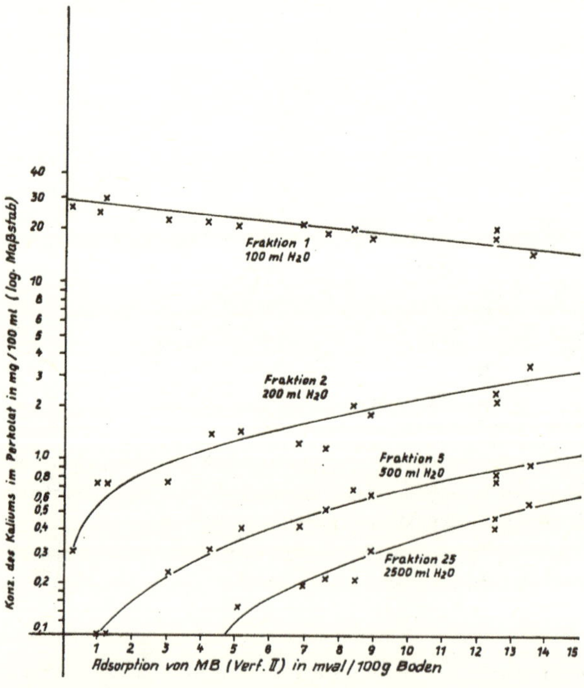

Abb. 6. Fraktionierte Desorption des Kaliums mit H_2O bei Böden verschiedener Sorptionsfähigkeit

Parameter: Menge an H_2O, die durch die Versuchsböden perkolierte, in ml. Die Linien verbinden bei verschieden sorbierenden Böden die Konzentration der Perkolate an Kalium bei jeweils gleicher Menge des Wasserdurchflusses. Der K-Zusatz vor der Auswaschung beträgt bei allen Böden gleichmäßig 29,6 mg/100 ml bzw. 9,3 mval/100 g Boden. Der Kurvenverlauf der Fraktionen 2—25 zeigt die Überlegenheit stark sorbierender Böden hinsichtlich der Nachlieferungsgeschwindigkeit für Kalium.

Erhöhung der Sorptionswerte (Abszisse) immer mehr ansteigenden Kurvenverlauf geht die Überlegenheit stark sorbierender Böden hinsichtlich der Nachlieferungsgeschwindigkeit für Kalium hervor.

Die Kalium-Desorption ist durch ein weiteres Merkmal gekennzeichnet. Es ergab sich, daß die Summe des K in den H_2O-Fraktionen und besonders die Summe aller Fraktionen von 1—50 einschließlich der HCl-Perkolation größer war als die Menge des anfänglich zugegebenen und des vor der Auswaschung austauschbaren K. Tabelle 7 zeigt die Menge des insgesamt durch H_2O (in 25 Fraktionen) bzw. HCl (in weiteren 25 Fraktionen) desorbierbaren Kaliums in % des zugegebenen. Wie aus den in Spalte 5 und 9 angegebenen Werten hervorgeht, war die desorbierte K-Menge bei schweren Böden größer als die anfänglich vorhandene.

Tabelle 7

Vergleich der Desorption des Kaliums bei Böden verschiedener Sorptionskapazität
Zugabe 9,26 mval K/100 g Boden

Boden Nr.	MB-Sorption mval/100 g Boden	Organische Substanz %	Eigenkali mg/100 g Boden	Desorption durch Auswaschung					
				H_2O-löslich Auswaschung Nr. 1—25		darüber hinaus im Austausch geg. H^+ desorbiert* Nr. 26—50		insgesamt desorbiert Nr. 1—50	
				mval	%	mg	mval	mval	%
	1	2	3	4	5	6	7	8	9
1	0,25	0,0	—	9,18	99,2	2,0	0,05	9,23	99,7
2	1,0	0,1	1,2	9,09	98,2	8,5	0,22	9,31	100,5
3	1,2	0,2	1,5	9,40	101,5	11,5	0,29	9,69	104,6
6	3,0	1,3	5	8,51	91,9	16,5	0,42	8,93	96,4
7	4,3	1,5	15	9,09	98,2	23	0,59	9,68	104,5
8	5,1	2,9	19	9,23	99,7	22	0,56	9,79	105,7
9	6,8	1,9	16	8,95	96,7	36	0,92	9,87	106,6
10	7,6	3,4	24	9,29	100,3	30	0,77	10,06	108,6
11	8,4	2,6	10	9,74	105,2	30	0,77	10,51	113,5
12	8,9	2,3	17	10,02	108,2	41	1,05	11,07	119,5
13	12,5	2,9	42	12,48	134,8	55	1,41	13,89	150,0
14	12,5	2,8	8	10,85	117,2	36	0,92	11,77	127,1
15	13,5	4,6	16	11,54	124,6	40	1,02	12,56	135,6

* mit 0,5 n HCl

Diese allmähliche, schleppende Desorption aus dem Nährstoffvorrat in die Bodenlösung ohne definierten Endwert ist für die Bindungsverhältnisse des Kaliums tonreicher Böden typisch. Sie zeigt, daß ein Teil des Reserve-K allmählich in die Lösungsgleichgewichte einbezogen werden kann und dadurch pflanzenverfügbar wird. In Zusammenhang damit steht die von vielen Autoren festgestellte K-Aufnahme durch die Pflanzen aus nichtaustauschbaren Bindungsstufen, worauf z. B. SCHACHTSCHABEL (1937), VAN DER PAAUW (1942), PETERBURGSKI (1957), SCHUFFELEN (1958), ARNOLD (1960), SMITH (1957), SCHROEDER (1955) BRAY (1939), MORTLAND (1961), STOLJAROWA (1940 sowie WASHENIN und KARASSEWA (1959) hinwiesen.

2.3. Praktische Auswertung der Desorptionsmessungen

Die Ergebnisse der Desorptionsmessungen können die Erfahrungen der Praxis über die notwendigen Wiederholungen (Frequenz) der Kaliumdüngung unterstreichen. Bei schwach sorbierenden Böden trat im Laborversuch sehr schnell eine Erschöpfung der Kaliumpotentiale ein, die Nachlieferung von K in die Bodenlösung versiegte bereits nach kurzer Dauer der Perkolation. Die Praxis lehrte, daß bei Sandböden häufig wiederholte kleine Kalidüngergaben einen weit höheren Nutzeffekt haben als eine einmalige große Gabe in gleicher Gesamthöhe. Berechnungen über die Ökonomie der zweckmäßigsten Ausbalanzierung der besseren Düngerausnutzung bei häufiger Wiederholung des Düngens gegenüber dem erhöhten Arbeitsaufwand sind für die Praxis um so mehr lohnend, je sorptionsschwächer der Boden der betr. Produktionsgenossenschaften ist, die auf sandigen Böden gelegen sind. Im Laborversuch war die Konzentration des K in den Perkolaten um so höher, je größer die MB-Sorptionswerte waren. Die Praxis zeigte in Übereinstimmung damit, daß bei Böden mit mäßiger Sorptionsfähigkeit die K-Düngung in größeren Abständen, z. B. bei der Fruchtfolgedüngung, vertretbar ist, denn die Abgabe von Kalium an die Bodenlösung wird relativ lange aufrechterhalten, vorausgesetzt, daß der Nährstoffvorrat genügend hoch ist. Stark sorbierende Böden können für sehr lange Zeit zur guten und gleichmäßigen K-Lieferung an die Pflanzen fähig sein (wenn sie in gutem K-Zustand sind), und eine Vorratsdüngung mit möglichst Cl-armen Düngesalzen dürfte hier vom ökonomischen Standpunkt aus am zweckmäßigsten sein.

Bei der Planung von Kaliumdüngungsmaßnahmen ist zu berücksichtigen, daß der Übergang von Reserve-Kalium aus dem nichtaustauschbaren in den löslichen Zustand, der die hohe K-Nachlieferungsfähigkeit der schweren Böden bedingt, ein reversibler Vorgang ist. Die Fähigkeit tonreicher Böden zur K-Nachlieferung darf daher nicht zu dem Trugschluß verleiten, daß eine Kalidüngung hier überflüssig sein kann. Bei solchem Raubbau neigt das Gleichgewicht mit zunehmender Verarmung der Böden zum Übergang von Dünger-K in den fixierten Zustand, besonders bei wechselnder Befeuchtung und Austrocknung der Böden. Sehr stark festlegende Böden enthalten oft die sog. „offenen Illite", welche durch fortschreitende Gitteraufweitung bei ständigem K-Entzug aus illitischen Mineralien entstanden sind und montmorillonitähnliche Mineralstruktur und Sorptionseigenschaften annehmen können. Eine extrem hohe Kalifestlegung fanden z. B. TEMME und VAN DER MAREL (1952) an holländischen Flußmarschen, bei denen durch den laufenden K-Entzug durch das K-arme Flußwasser der K-Haushalt so weit gestört war, daß z. B. Gaben von 4900 kg K_2O im Laufe von 16 Jahren zu mehr als 50% fixiert wurden und der Anbau von Kartoffeln unwirtschaftlich war. Solche Böden, von denen ohne K-Düngung große Mengen an Kalium entzogen wurden, fixieren Dünger-Kalium so intensiv, daß erst bei sehr hohen Düngergaben eine Steigerung der Erträge resultiert.

Zusammenfassung

Die Untersuchungen erstreckten sich auf die Adsorptionsgleichgewichte und Desorptionsgeschwindigkeiten des Kaliums bei sächsischen Ackerböden verschiedener

Sorptionsfähigkeit. Die Sorptionswerte wurden mit der Methylenblau-Schnellmethode bestimmt.

1. Die Auswertung der vergleichenden Messungen von K-Adsorptionsisothermen an 50 Böden mit MB-Werten von 0,5 bis 20 mval erlaubt die Orientierung über den jeweils in der Bodenlösung befindlichen und den adsorbierten Anteil des Kaliums, wenn die Menge des austauschbaren Kaliums und die Höhe des Sorptionswertes bekannt sind. Daraus ergeben sich neue Möglichkeiten zur Berechnung der maximalen K-Düngermengen bei sandigen Böden, die ohne unökonomische Auswaschungsverluste in einmaliger Gabe gedüngt werden können.
2. Die Perkolationsversuche zur fraktionierten Desorption von Kalium ergaben, daß in fortgeschrittenen Stadien der Desorption die Konzentration des K in den Perkolaten um so höher lag, je größer der Sorptionswert war. Bei tonreichen Böden wurden auch K-Ionen aus den nichtaustauschbaren Reserven allmählich in die Lösungsgleichgewichte einbezogen. Dabei wuchs die Menge des desorbierbaren Reserve-K meist mit der Größe des MB-Sorptionswertes. Die Geschwindigkeiten des Potentialabfalles, welche bei den K-Desorptionsmessungen an Böden verschiedener Sorptionsfähigkeit ermittelt wurden, werden mit den Erfahrungen der Praxis über die Möglichkeiten der K-Vortratsdüngung verglichen.

Резюме

Исследовались адсорбционные равновесия и скорости вытеснения калия в саксонских пахотных почвах с различными емкостями поглощения. Емкость поглощения определялась экспресс-методом при помощи метиленовой сини.

1. Сравнение изотерм адсорбции калия на 50 почвах (при показателях адсорбции метиленовой сини от 0,5 до 20 м. экв.) дает возможность получить сведения о доле калия, находящейся в почвенном растворе и адсорбированной доле калия, если известны количество обменного калиа и емкость поглощения. На основании этого можно вычислить максимальную разовую дозу калийного удобрения для песчаных почв, которую можно вносить не опасаясь большого вымывания калия из почвы.
2. Опыты по промыванию для фракционированной десорбции калия из почв с различной емкостью поглощения показывают, что концентрация калия в фильтрате к концу промывания выше в почвах с высокой емкостью поглощения. В глинистых почвах ионы К необменных запасов тоже постепенно включаются в равновесие раствора. При этом обычно количество калия, вытесненного из необменных запасов увеличивалось с увеличением емкости поглощения. Скорость уменьшения потенциала, которая была вычислена при определении десорбции К на почвах с различной емкостью поглощения сравнивается с опытом, собранным в условиях практики о возможности калийного удобрения ,,впрок''.

Summary

Some investigations were made about the equilibrium reactions at potassium adsorption as well as about the rates of desorption in Saxon arable soils with various cation exchange capacities. The cation exchange capacity was determined by means of the methylene-blue rapid method.

1. The evaluation of the compared measurements of potassium adsorption isotherms in 50 soils with MB-values of 0.5—20 mval gives information about the potassium portion which is contained in the soil solution as well as about the portion adsorbed in the soil colloids, if the amounts of exchangeable potassium and the values of the cation exchange capacity are known. This would indicate ways for the calculation of maximum quantities of potassium fertilizer which may, all at once, be applied to sandy soils, whithout an uneconomic loss.

2. Percolation experiments for fractionated desorption of potassium have shown that, in late stages of desorption, the potassium concentration of the percolation solutions in soil with high exchange capacities was higher than that in soils with low ones. Potassium ions from non-exchangeable reserves were gradually included into the equilibriums of potassium release in very clayey soils. The quantity of extractable potassium reserves usually increased together with the value of MB-adsorption. The rates of potential diminution which were found by potassium desorption measurements in soils of different exchange capacities are compared with practical experiences as to potassium storage-fertilization.

Literatur

ARNOLD, P. W.: Potassium-supplying power of some British soils. Nature (London) 187 (1960), S. 436—437

BRAY, R. H.; DE TURK, E. E.: Release of potassium from nonreplaceable forms in Illinois soils. Proc. Soil. Sci. Soc. Amer. 3 (1939), S. 101—106

MARKERT, S.: Zusammenfassung der Erfahrungen bei der Anwendung des Methylenblaues zur Sorptionsbestimmung von Böden. Thaer-Arch. 10 (1961), S. 766—780

MORTLAND, M. M.: The dynamic character of potassium release and fixation. Soil Sci. 1 (1961), S. 11—13

OSTWALD, WILH.; BOEDEKER, E.: Zit in LOTTERMOSER, A.: Kurze Einführung in die Kolloidchemie. Dresden u. Leipzig, Steinkopff, 1948, S. 92

VAN DER PAAUW, F.: Das Verfügbarwerden von K in stark erschöpftem Boden. Versl. Landbouwk. Onderzoek., Groningen (1942), 48 S. 363—406

VAN DER PAAUW, F.: Die Auswertung der Bodenuntersuchung auf Phosphorsäure und Kali in den Niederlanden. Landwirtsch. Forsch. 12. S.-H. (1959) S. 91

PETERBURGSKI, A. W.: K. GEDROIZ über die Zugänglichkeit des Kaliums der Böden für die Pflanzen und die weitere Entwicklung dieser Frage.

(ПЕТЕРБУРГСКИЙ, А. В.: К. К. ГЕДРОЙЦ о доступности растениям калия почви и дальнейшее развитие этого вопроса. Почвоведение 11 (1957), S. 88—97)

PETER, H.; MARKERT, S.: Ein Beitrag zur Schnellbestimmung der Umtausch-Kapazität und des Sättigungsgrades von Ackerböden bei Serienanalysen. Z. landwirtsch. Versuchs- u. Untersuchungswes. 6 (1960), S. 505—517

SCHACHTSCHABEL, P.: Aufnahme von nichtaustauschbarem K durch die Pflanzen. Bodenkde. u. Pflanzenernähr. 3 (1937), S. 107—133

SCHRÖDER, D.: Kaliumfestlegung und Kaliumnachlieferung von Lößböden. Landwirtsch. Forsch. 8 (1955), S. 1—7

SCHUFFELEN, A. C.; BOLT, G. H.: Ionic equilibria in soils. Verh. internat. Bodenkdl. Ges. 2 (1958), S. 132—146, Wageningen

SMITH, J. A.; MATTEWS, B. C.: Release of potassium by 18 Ontario soils during continuous cropping in the greenhouse. Canad. J. Soil Sci. 37 (1957), S. 1—10

STOLJAROWA, A. A.: Zur Frage der Verfügbarkeit der umtauschbaren und nichtumtauschbaren Formen des Kaliums im Boden für die Pflanzen.
(СТОЛЯРОВА, А. А.: К вопросу об использовании растениями обменной и необменной форма калия в почве. Химизация соц. земледелия 1940, N. 2 u. 3)

STRASMAN, A.: QUIDET, P.; BLANCHET, R.: Valeur comparée des divers tests analytiques relatifs au potassium du sol, d'aprés la réaction des plantes aux engrais potassiques. Compt. Rev. Acad. Agric. France 44 (1958), S. 639—642

TEMME, J.; VAN DER MAREL, H. W.: Kaliumfixatie en verstoorde Kaliumhuishouding. Verslagen van Landbouwkund. Onderzoekingen 586 (1952), S. 1—53

WASHENIN, I. G.; KARASSEWA, G. I.: Über die agrochemischen Methoden der Bestimmung des beweglichen Kaliums im Boden.
(ВАЖЕНИН, И. Г.; КАРАСЕВА, Г. И.: Об агрохимических методах определения подвижних форм калия в цочвах. Почвоведение 8 (1959), S. 87—92)

Aus dem Institut für Acker- und Pflanzenbau Müncheberg
der Deutschen Akademie der Landwirtschaftswissenschaften zu Berlin
(Direktor; Prof. Dr. agr. habil. E. RÜBENSAM)

KARL STEINBRENNER und FRIEDRICH NAGLITSCH

Zur Nachwirkung der Tiefkultur auf das Bodenleben

Eingegangen: 4. 11. 1963

Die langjährigen Versuche der Sandbodenmelioration an verschiedenen Standorten zeigen, daß dieses Verfahren geeignet ist, die leichten Sandböden nachhaltig zu verbessern und beträchtliche Ertragssteigerungen zu erreichen. Durch MÜLLER und RAUHE (1959) wurde an einem im Institut Müncheberg von der Abteilung Ackerbau angelegten Feldversuch die günstige Wirkung der Tiefbearbeitung und der tief eingebrachten organischen Düngung auf das Bodenleben nachgewiesen. Ähnliche Ergebnisse erzielten GYURKO und VARGA (1958) bei ihren Untersuchungen eines von EGERSZEGI in Ungarn angelegten Feldversuches. In beiden Fällen erfolgten die mikrobiologischen Prüfungen in den ersten Jahren nach Versuchsbeginn. Von MESCHKOW (1960) wurde mehrjährig die Wirkung einer 45 cm tiefen Pflugfurche auf verschiedene Mikrobengruppen geprüft und dabei festgestellt, daß das meliorative Pflügen nach verhältnismäßig kurzer Zeit zu einer deutlichen Zunahme der Keimzahlen führte und dann während mehrerer Jahre der normalen Bearbeitung überlegen war.

Wir haben 6 Jahre nach Versuchsbeginn den von RAUHE und MÜLLER (1959) beschriebenen Feldversuch, an dem MÜLLER und RAUHE (1959) im ersten Versuchsjahr die bodenbiologischen Untersuchungen vorgenommen hatten, abermals bodenbiologisch untersucht, um zu ermitteln, ob noch eine Nachwirkung der Tiefbearbeitung und der tief eingebrachten organischen Düngung vorhanden ist.

1. Methodik.

Die Versuchsanlage ist von RAUHE und MÜLLER (1959) eingehend beschrieben worden. Es handelt sich um einen auf ganz leichtem Sandboden anglegten Komplexversuch, bei dem 4 Bearbeitungsverfahren mit 4 Düngungsmaßnahmen kombiniert sind.

Von den Bearbeitungsverfahren wurden folgende Varianten geprüft:

I. Normale Bearbeitung: Krume bis 20 cm bearbeitet, Unterboden unberührt.
II. Tiefbearbeitung bis 50 cm; Krume oben.
III. Tiefbearbeitung bis 50 cm; Krume und Unterboden wurden miteinander vermischt.

(Die IV. Bearbeitungsvariante, bei der die Krume vergraben ist und der Unterboden sich an der Oberfläche befindet, wurde von uns nicht untersucht).

Die Tiefbearbeitung der Varianten II—IV erfolgte nur zu Versuchsbeginn. In den darauffolgenden Jahren wurden alle Varianten einheitlich auf 20—24 cm Tiefe bearbeitet.

Jede Bearbeitungsvariante ist mit folgenden Düngungsmaßnahmen kombiniert:

1. ungedüngt
2. Stallmist, 150 dt/ha Trockenmasse zur Versuchsanlage
3. Schafschwingelwurzeln, 150 dt/ha Trockenmasse zur Versuchsanlage
4. Mineralische Volldüngung: N 110, P 168, K 384 zur Versuchsanlage

Auf der Bearbeitungsvariante I wurde die Düngung bis 20 cm Tiefe eingearbeitet und bei den Varianten II–IV in 50 cm Tiefe als zusammenhängende Schicht eingebracht. Gleichzeitig wurden 20 dt/ha $CaCO_3$ verabreicht.
Die seit Versuchsbeginn angebauten Kulturarten und die bei den Varianten 2–4 angewendete mineralische (kg/ha Reinnährstoffe) bzw. bei den Varianten 2 und 3 verabfolgte organische Düngung (dt/ha) sind aus der folgenden Übersicht zu ersehen:

Jahr	Kulturart	N	P	K	Stallmist
1957	Sommerroggen, danach Leguminosen-Stoppelfrucht	40	54	120	
1958	Winterroggen	40	45	120	
1959	Kartoffeln	40	36	80	300
1960	Winterroggen, danach Leguminosen-Stoppelfrucht	30	36	80	
1961	Bitterlupinen	—	36	80	
1962	Winterroggen	40	36	80	
1963	Kartoffeln	50	45	100	300

Der zu Kartoffeln verabreichte Stallmist wurde bei allen Bearbeitungsvarianten in der üblichen Weise bis 22 cm Tiefe eingearbeitet.
Für die mikrobiologischen Untersuchungen wurden im Frühjahr 1963 an 10 in Abständen von 2–3 Tagen aufeinander folgenden Terminen Bodenproben aus

a) 10 cm Tiefe,
b) 35 cm Tiefe und
c) 50 cm Tiefe

entnommen.

Für die mikrobiologische Analyse fand das Plattengußverfahren und für die zoologischen Untersuchungen die Kochsalz-Schwemmethode Verwendung. Die in den Tabellen für jede Variante und Tiefe angeführten Werte sind die Mittelwerte aus den 10 Untersuchungsterminen.
Neben den mikrobiologischen und zoologischen Untersuchungen wurden je Variante aus der Schicht von 50 cm Tiefe je 4 Parallelproben zur Bestimmung des Porenvolumens, des pH-Wertes und des Gehaltes an freiem Aluminium entnommen. Die Al-Werte wurden nach SCHÖNBERG und SCHÖNFELD (1960) durch Extraktion des Bodens mit 0,1 n KCl-Lösung und anschließender kolorimetrischer Bestimmung mit Alizarinrot S erhalten, das Porenvolumen über die Bestimmung des Raum- und spezifischen Gewichtes errechnet und der pH-Wert im 0,5 n KCl-Auszug mit dem Ionometer nach Lautenschläger ermittelt.

2. Ergebnisse

In Tabelle 1 sind die ermittelten Keimzahlen der Bakterien wiedergegeben. Bei einem Vergleich der 3 Bearbeitungsvarianten ist die günstige Wirkung der Tiefbearbeitung unschwer zu erkennen. Die tiefbearbeiteten Varianten wiesen im Durchschnitt der 3 Tiefen und 4 Düngungen eine um 24% bzw. 22% höhere Keimzahl als die normal bearbeitete Kontrollvariante auf, wobei sich die Überlegenheit der ersteren fast ausschließlich auf die Schichten von 35 cm und vor allem von 50 cm Tiefe beschränkt. In 10 cm Tiefe war jedoch die normal bearbeitete Variante, mit Ausnahme der mineralisch gedüngten Parzelle, den tiefbearbeiteten Varianten überlegen. Daß es sich hierbei um eine ausschließliche Wirkung der Tiefbearbeitung und nicht der damit meist gekoppelten Tiefdüngung handelt, geht auch daraus hervor, daß auf der ungedüngten Parzelle dieselben Verhältnisse wie auf den gedüngten Parzellen vorlagen. Lediglich bei den normal bearbeiteten Varianten waren die Keimzahlen in den gedüngten Parzellen höher als in der ungedüngten Parzelle. Offenbar war im Verlauf der Jahre die typische Mikroflora des in tiefe Schichten eingebrachten organischen Düngers nach dessen allmählicher Mineralisierung von der autochthonen Mikroflora des Bodens verdrängt worden, die nun

Tabelle 1

Bakterien-Keimzahlen in 1/10000 cm³ Boden (THORNTONS-Agar)

I normale Pflugfurche
II Tiefbearbeitung, Krume oben
III Tiefbearbeitung, Krume mit Unterboden vermischt

1. ungedüngt
2. Stallmist
3. Schafschwingelwurzeln
4. Mineraldüngung

a) 10 cm Tiefe
b) 35 cm „
c) 50 cm „

Bearbeitung	Tiefe	Düngung 1	2	3	4	$\bar{x}$	Rel.	Rel.
I	a	147,3	181,4	128,7	112,8	142,6	100	100
	b	26,5	51,8	91,1	41,2	52,7	100	37,0
	c	21,1	24,0	50,0	33,5	32,2	100	22,6
	Mittel	65,0	85,7	89,9	62,5	75,8	100	
	Rel.	100	131,8	138,3	96,2			
II	a	128,7	129,2	113,1	146,4	129,4	90,7	100
	b	64,9	72,9	54,3	75,6	66,9	126,9	51,7
	c	73,6	93,6	102,3	72,6	85,5	265,5	66,1
	Mittel	89,1	98,6	89,9	98,2	93,9	123,9	
	Rel.	100	110,7	100,9	110,2			
III	a	111,5	112,9	122,4	149,4	124,0	87,0	100
	b	68,6	75,8	74,1	66,5	71,3	135,3	57,5
	c	95,0	68,4	86,7	82,5	83,2	258,4	67,1
	Mittel	91,7	85,7	94,4	99,5	92,8	122,4	
	Rel.	100	93,5	102,9	108,5			

über die normale Ackerkrume hinaus einen wesentlich erweiterten Lebensraum für ihre Entwicklung zur Verfügung hatte.

Daß sich die Mineralisierung der organischen Düngerschicht in 50 cm Tiefe in einem weit fortgeschrittenen Stadium befand, ist u. a. auch aus den in Tabelle 2 festgehaltenen Keimzahlen der Eiweißzersetzer zu ersehen. Diese besonders in den ersten Zersetzungsphasen stark in den Vordergrund tretende Leistungsgruppe war zwar in den organisch (besonders mit Stallmist) gedüngten Parzellen häufiger als in den ungedüngten Kontrollflächen, doch erreichten die Keimzahlen in der Düngerschicht (c) der tiefbearbeiteten Varianten bei weitem nicht mehr die Werte, wie sie in der Krume (a) ermittelt wurden, wo hingegen im ersten Versuchsjahr (siehe MÜLLER und RAUHE, 1959) die Eiweißzersetzer in der Düngerschicht zumindest ebenso zahlreich wie in der Krume vertreten waren.

Tabelle 2

Keimzahlen der Eiweißzersetzer in 1/1000 cm³ Boden (Nährgelatine)

Bearbeitung	Tiefe	Düngung 1	2	3	4	$\bar{x}$	Rel.	Rel.
I	a	39,0	57,8	41,7	46,6	46,3	100	100
	b	8,6	10,9	11,1	12,1	10,7	100	23,1
	c	1,9	5,9	5,6	1,6	3,8	100	8,2
	Mittel	16,5	24,9	19,5	20,1	20,3	100	
	Rel.	100	150,9	118,2	121,8			
II	a	44,7	40,4	32,6	47,6	41,3	89,2	100
	b	6,8	5,5	6,6	3,6	5,6	52,3	13,6
	c	2,3	13,3	13,5	2,9	8,0	210,5	19,4
	Mittel	17,9	19,7	17,6	18,0	18,3	90,1	
	Rel.	100	110,1	98,3	100,6			
III	a	36,8	40,9	35,1	42,3	38,8	83,8	100
	b	12,5	16,6	14,3	12,9	14,1	131,8	36,3
	c	6,4	10,8	8,0	7,6	8,2	215,8	21,1
	Mittel	18,6	22,8	19,1	20,9	20,4	100,5	
	Rel.	100	122,6	102,7	112,4			

Ein im wesentlichen ähnliches Bild wie bei den Gesamtbakterien ergab sich auch bei der Zusammenstellung der Nitratbildner-Keimzahlen (Tab. 3). Auch hier war der Einfluß der Bodenbearbeitung von wesentlich nachhaltigerer Wirkung geblieben als die unterschiedliche Düngung. Lediglich bei den normal bearbeiteten Varianten war in den gedüngten Parzellen eine z. T. erheblich höhere Keimzahl, vor allem in den tieferen Schichten, feststellbar als in der ungedüngten Kontrollparzelle.

Die Actinomyceten-Keimzahlen (Tab. 4) ließen eine verhältnismäßig deutliche Beziehung zur Düngung erkennen. Mit Ausnahme der mineralischen Volldüngung bei

Tabelle 3

Keimzahlen der Nitratbildner in 1/10000 cm³ Boden (Nähragar nach WINOGRADSKY)

Bearbeitung	Tiefe	Düngung 1	2	3	4	$\bar{x}$	Rel.	Rel.
I	a	123,5	157,6	104,4	111,0	124,1	100	100
	b	26,0	54,8	82,1	50,9	53,5	100	43,1
	c	24,7	41,4	37,9	29,3	33,3	100	26,8
	Mittel	58,1	84,6	74,8	63,7	70,3	100	
	Rel.	100	145,6	128,7	109,6			
II	a	116,3	113,2	102,9	105,6	109,5	88,2	100
	b	58,4	68,8	48,0	63,8	59,8	111,8	54,6
	c	71,7	91,1	91,8	59,8	78,6	236,0	71,8
	Mittel	82,1	91,0	80,9	76,4	82,6	117,5	
	Rel.	100	110,8	98,5	93,1			
III	a	114,0	108,3	118,0	99,5	109,9	88,6	100
	b	66,4	78,0	66,9	61,9	68,3	127,7	62,1
	c	64,2	61,3	86,7	77,6	72,4	217,4	65,9
	Mittel	81,5	82,5	90,5	79,7	83,6	118,9	
	Rel.	100	101,2	111,0	97,8			

normaler Bearbeitung lagen die Keimzahlen der gedüngten Parzellen über denen der ungedüngten Kontrollparzellen. Berücksichtigt man die Verteilung der Actinomyceten auf die 3 untersuchten Tiefen, so fällt auf, daß sich die Entwicklung dieser Mikroorganismen im Gegensatz zu den anderen Vertretern der Mikroflora vorwiegend auf die tieferen Bodenschichten konzentrierte, wobei bei den tiefbearbeiteten Parzellen besonders in der Schicht von 50 cm Tiefe hohe Keimzahlen erfaßt worden waren.

Die im Plattengußverfahren ermittelten Pilzkeimzahlen (Tab. 5) bestätigten die bei der Besprechung der Bakterienwerte bereits getroffenen Feststellungen. Während bei den normal bearbeiteten Varianten nach der Tiefe zu die Pilze zahlenmäßig stark zurückgingen, waren sie in den tiefbearbeiteten Parzellen wesentlich gleichmäßiger über den gesamten Horizont verbreitet. Daß es sich auch hier in erster Linie um eine Wirkung der Bearbeitung und weniger der Düngung handelte, geht eindeutig daraus hervor, daß sich auf der ungedüngten Variante im Grunde die gleichen Verteilungsverhältnisse einstellten wie auf den mineralisch bzw. organisch gedüngten Parzellen. Die tiefbearbeiteten Parzellen waren zwar in der obersten Bodenschicht den normal bearbeiteten keimzahlenmäßig etwas unterlegen, doch wurde dieses Defizit durch eine bedeutend stärkere Besiedlung der tieferen Schichten (b, c) mit mikroskopischen Pilzen mehr als ausgeglichen; so lagen in 35 cm Tiefe auf den tiefbearbeiteten Parzellen die Werte bei 163—190%, verglichen mit der normalen Bearbeitung, in 50 cm Tiefe erreichten sie sogar 450—475%. Die positive Wirkung der Düngung auf die Entwicklung der Pilze war auch hier nach

Tabelle 4

Actinomyceten-Keimzahlen in 1/10000 cm³ Boden (CZAPEK-Agar nach WAKSMANN)

Bearbeitung	Tiefe	Düngung 1	2	3	4	$\bar{x}$	Rel.	Rel.
I	a	5,0	6,0	3,8	2,7	4,4	100	100
	b	3,2	5,1	8,2	3,7	5,1	100	115,9
	c	5,4	5,4	5,2	2,6	4,6	100	104,5
	Mittel	4,5	5,5	5,7	3,0	4,7	100	
	Rel.	100	122,2	126,7	66,7			
II	a	2,2	4,5	5,3	3,6	3,9	88,6	100
	b	5,3	8,3	3,8	5,6	5,8	115,8	148,7
	c	6,2	8,8	5,2	9,3	7,4	160,9	189,7
	Mittel	4,6	7,2	4,8	6,2	5,7	121,3	
	Rel.	100	156,5	104,3	134,8			
III	a	3,6	4,1	3,2	4,4	3,8	86,4	100
	b	4,8	3,4	6,5	4,6	4,8	94,1	126,3
	c	4,4	8,6	6,1	6,1	6,3	137,0	165,8
	Mittel	4,3	5,0	5,4	5,3	5,0	106,4	
	Rel.	100	116,3	125,6	123,3			

Tabelle 5

Pilz-Keimzahlen in 1/1000 cm³ Boden (Biomalzagar)

Bearbeitung	Tiefe	Düngung 1	2	3	4	$\bar{x}$	Rel.	Rel.
I	a	28,4	36,2	40,2	34,5	34,8	100	100
	b	6,3	19,6	16,2	13,4	13,9	100	39,9
	c	5,0	1,6	4,0	6,7	4,3	100	12,4
	Mittel	13,2	19,1	20,1	18,2	17,7	100	
	Rel.	100	144,7	152,3	137,9			
II	a	31,3	35,7	33,5	22,6	30,8	88,5	100
	b	22,8	21,5	21,8	24,3	22,6	162,6	73,4
	c	35,6	10,2	25,4	10,4	20,4	474,4	66,2
	Mittel	29,9	22,5	26,9	19,1	24,6	139,0	
	Rel.	100	75,3	90,0	63,9			
III	a	29,7	33,8	22,2	42,3	92,0	92,0	100
	b	25,5	33,5	24,8	21,7	26,4	189,9	82,5
	c	22,2	20,2	16,2	18,6	19,3	448,8	60,3
	Mittel	25,8	29,2	21,1	27,5	25,9	146,3	
	Rel.	100	113,2	81,8	106,6			

6jähriger Versuchsdauer nur noch in den beiden oberen Schichten (a, b) der normal bearbeiteten Parzellen nachzuweisen.

Während sich GYURKO und VARGA (1958) in ihren Arbeiten in bodenzoologischer Hinsicht auf die Untersuchung der Protozoen, Rotatorien und Nematoden beschränkten, wurden von uns die terricolen Vertreter der Mesofauna, die Collembolen und Milben, untersucht. Tabelle 6 gibt die an den einzelnen Probeentnahmestellen ermittelte Besiedlungsdichte der Collembolen wieder. Aus der Tabelle ist zu ersehen, daß nach 6jähriger Versuchszeit noch eine nachhaltige Wirkung durch die Bodenbearbeitung vorlag. In allen untersuchten Bodenschichten war die Besatzdichte der Collembolen auf den tiefbearbeiteten Parzellen höher als auf den normal

Tabelle 6

Anzahl der Collembolen in 8 cm³ Boden

Bearbeitung	Tiefe	Düngung 1	Düngung 2	Düngung 3	Düngung 4	x̄	Rel.	Rel.
I	a	2,43	1,86	1,61	3,00	2,22	100	100
	b	0,16	0,40	0,91	0,27	0,44	100	19,8
	c	0,36	0,86	0,84	0,43	0,62	100	27,9
	Mittel	0,98	1,04	1,12	1,23	1,09	100	
	Rel.	100	106,1	114,3	125,5			
II	a	3,22	2,67	3,14	2,23	2,82	127,0	100
	b	2,46	1,64	1,28	0,59	1,49	338,6	52,8
	c	2,41	1,16	6,85	0,39	2,70	435,5	95,7
	Mittel	2,70	1,82	3,76	1,07	2,34	214,7	
	Rel.	100	67,4	139,3	39,6			
III	a	6,24	2,59	6,39	3,39	4,65	209,5	100
	b	4,53	5,04	4,08	2,64	4,07	925,0	87,5
	c	3,03	5,63	2,82	3,68	3,79	611,3	81,5
	Mittel	4,60	4,42	4,43	3,24	4,17	382,6	
	Rel.	100	96,1	96,3	70,4			

bearbeiteten Flächen. Auch die nur geringe Abnahme der Collembolenzahlen nach der Tiefe zu bei den tiefbearbeiteten Varianten zeugt von dem positiven Einfluß der Tiefbearbeitung und weniger von einer Tiefdüngungswirkung, um so mehr, als sich auf den ungedüngten Parzellen etwa die gleichen Verteilungsverhältnisse wie auf den gedüngten Varianten einstellten. Lediglich bei der normalen Bearbeitung war die Abundanz der Collembolen bei den mineralisch oder organisch gedüngten Parzellen höher als auf der ungedüngten Kontrollparzelle.

In der Arbeit von MÜLLER und RAUHE (1959) wird über die Artenzusammensetzung der Collembolenfauna in den verschiedenen Bearbeitungs- und Düngungsvarianten berichtet. Im ersten Untersuchungsjahr waren einige Collembolenarten in der einen oder anderen Variante besonders häufig oder ausschließlich aufgetreten. So war *Friesea claviseta*, der schon von Franz und Repp (1949) als typischer Stallmistbewohner bezeichnet wird, nur in den mit Stallmist gedüngten Parzellen aufgetreten und *Proisotoma minuta* in den Stallmistvarianten mit sehr hohen Dominanzzahlen vorhanden; *Folsomia fimetaria* war dagegen besonders häufig in den mit Schafschwingel gedüngten Parzellen gefunden worden.

Es war nun interessant zu erfahren, ob und wie sich diese Verhältnisse nach 6-jähriger Vesuchszeit verändert hatten. Tabelle 7 gibt einen Überblick über die qualitative Zusammensetzung der Collembolenfauna in den Untersuchungsvarianten.

Im Gegensatz zu den von Müller und Rauhe (1959) bei Versuchsbeginn erhaltenen Ergebnissen war die von uns festgestellte Artenzusammensetzung der Collembolen in allen Varianten nahezu gleich. Die dominierende Stellung nahm in jedem Falle *Tullbergia krausbaueri* mit über 90% aller Collembolen ein. Die typischen Düngerbewohner, wie *Friesea claviseta* und *Proisotoma minuta*, waren entweder völlig oder zumindest weitgehend aus dem Artenspektrum der Varianten verschwunden. Diese Befunde und auch die Tatsache, daß *Tullbergia krausbaueri*, der intensiv zersetzende organische Substanzen auffällig meidet, zur dominierenden Art auch in der Düngerschicht (c) der tiefgedüngten Parzellen geworden war, weisen auch von dieser Seite darauf hin, daß die Mineralisierung der vor 6 Jahren in tiefe Bodenschichten eingebrachten Düngerteppiche ein gewisses Endstadium erreicht hat.

In Tabelle 8 sind die Abundanzzahlen der Milben aufgeführt. (Eine Untersuchung der in den Bodenproben aufgetretenen Milbenarten bzw. -gruppen war aus arbeitstechnischen Gründen leider nicht möglich). Obwohl in dieser Gruppe neben saprob lebenden Arten auch zahlreiche räuberisch lebende Formen vertreten sind und damit aus einer zusammenfassenden Darstellung nicht auf Einzelheiten der Ernährungsbeziehungen und biologischen Verhältnisse geschlossen werden kann, stellt doch die summarische Angabe der Besiedlungsdichte dieser Tiergruppe einen zusätzlichen Hilfsfaktor bei der Interpretation der bodenbiologischen Verhältnisse dar und ermöglicht eine umfassendere Charakterisierung der biologischen Aktivität eines Bodens. Tabelle 8 kann entnommen werden, daß, ähnlich wie auch bei bisher besprochenen Organismengruppen, eine nachhaltige günstige Wirkung der Tiefbearbeitung auf die Entwicklung der Milben festzustellen war. In der Schicht von 50 cm Tiefe waren bei den tiefbearbeiteten Parzellen, unabhängig davon, ob gedüngt oder nicht gedüngt worden war, stets mehr Milben gefunden worden als in den oberen Bodenschichten. Bei den normal bearbeiteten Varianten war dagegen ein Abundanzabfall mit zunehmender Bodentiefe unverkennbar. Der Einfluß der Düngung auf die terricole Milbenfauna war auch hier nur bei normaler Bearbeitung deutlich.

Tabelle 9 gibt die pH-Werte der 12 Parzellen in 50 cm Bodentiefe wieder. Aus der Tabelle ist zu ersehen, daß die pH-Werte in den tief bearbeiteten Parzellen durchweg höher lagen als in den normal bearbeiteten Parzellen, offensichtlich hervorgerufen durch die vor 6 Jahren tief eingebrachten Kalkmengen.

Tabelle 7

Dominanzzahlen* der Collembolenarten

Art	Düngung				Tiefe			Bearbeitung			Gesamtversuch
	1	2	3	4	a	b	c	I	II	III	
Hypogastrura succinea Gisin 1949	0,4	—	—	—	0,3	—	—	—	0,3	—	0,15
Friesea afurcata Denis 1926	0,4	—	—	—	0,3	—	—	—	0,3	—	0,15
Tullbergia krausbaueri (Börner 1901)	94,8	97,8	91,9	96,2	96,5	90,3	93,9	96,5	94,6	94,2	94,73
Pseudanurophorus spec.	0,5	0,4	2,0	2,2	0,3	5,5	0,4	0,5	1,1	1,4	1,13
Folsomia fimetaria (Linné 1758)	1,9	—	2,5	0,7	1,4	1,9	1,7	—	1,5	2,3	1,57
Folsomia litsteri Bagnall 1939	1,3	—	1,5	—	—	1,0	2,6	—	1,3	0,6	0,95
*Folsomia***	0,4	—	1,5	0,7	0,3	1,0	1,2	—	0,4	1,4	0,67
Proisotoma minuta (Tullberg 1871)	—	0,7	0,5	—	0,6	—	—	1,3	0,3	—	0,30
Isotoma notabilis Schäffer 1896	0,1	—	—	—	—	0,1	—	0,2	—	—	0,02
Willowsia buski (Lubbock 1869)	—	0,4	—	—	—	—	0,2	0,6	—	—	0,07
Willowsia nigromaculata (Lubbock 1873)	—	—	—	0,3	—	0,2	—	0,2	—	—	0,03
Lepidocyrtus curvicollis Bourlet 1839	0,2	—	—	—	0,1	—	—	0,6	—	—	0,07
Bourletiella hortensis (Fitch 1863)	—	0,7	—	—	0,3	—	—	—	0,3	—	0,15
Anzahl der gefundenen Arten (ohne *Folsomia***)	8	5	5	4	8	6	5	7	8	4	12

* Dominanz = prozentuale Häufigkeit
** unbestimmbare Jugendstadien von *F. fimetaria* und *F. litsteri*

Tabelle 8

Anzahl der Milben in 8 cm^3 Boden

Be-arbeitung	Tiefe	Düngung 1	2	3	4	$\bar{x}$	Rel.	Rel.
I	a	6,04	9,28	6,84	6,62	7,20	100	100
	b	0,43	2,74	1,33	2,23	1,68	100	23,3
	c	0,50	0,89	0,33	0,46	0,54	100	7,5
	Mittel	2,32	4,30	2,83	3,10	3,14	100	
	Rel.	100	185,3	122,0	133,6			
II	a	6,74	5,80	7,70	4,95	6,30	87,5	100
	b	5,69	5,81	5,27	3,60	5,09	303,0	80,8
	c	18,55	7,78	17,37	3,56	11,82	2188,9	187,6
	Mittel	10,33	6,46	10,11	4,04	7,74	246,5	
	Rel.	100	62,5	97,9	39,1			
III	a	3,10	4,26	5,70	3,29	4,09	56,8	100
	b	6,33	7,44	6,58	2,01	5,59	332,7	136,7
	c	7,90	7,78	9,35	3,80	7,21	1335,2	176,3
	Mittel	5,78	6,49	7,21	3,03	5,63	179,3	
	Rel.	100	112,3	124,7	52,4			

Tabelle 9

pH-Werte

Bearbeitung	Düngung 1	2	3	4
I	4,6	4,7	4,6	4,6
II	5,4	6,2	5,0	6,6
III	6,2	6,2	6,6	5,2

Ähnliche Tendenzen zeichnen sich auch in den Al-Werten ab (Tab. 10). Während durchweg hohe Werte in den Parzellen der normalen Bearbeitungsstufe auftraten, war der Gehalt an freiem Al in den tief bearbeiteten Varianten (mit Ausnahme der Schafschwingelparzelle der II. Bearbeitungsstufe) sehr gering. Die hohen Al-Werte

Tabelle 10

mg Al/100 g Boden

Bearbeitung	Düngung 1	2	3	4
I	2,5	1,9	2,2	2,8
II	0,1	0,2	1,5	0,1
III	—	—	—	0,7

stehen in enger Beziehung zu den entsprechend niedrigen pH-Werten in den normal bearbeiteten Parzellen. Auch die Al-Werte der Parzellen II/3 und III/4 finden in den niedrigen pH-Werten ihre Erklärung.
Die in den Tabellen 1—8 wiedergegebenen höheren Besiedlungsdichten der Mikroorganismen und Bodentiere in den Parzellen der tiefbearbeiteten Varianten werden durch die von uns ermittelten Porenvolumen-Werte gestützt (Tab. 11a und 11b).

Tabelle 11a
Porenvolumen in %

Bearbeitung	x̄	Rel.	Sign.
I	43,5	100,0	(v)
II	47,3	108,7	++
III	46,2	106,2	+

GD 5% = 4,9%
GD 1% = 6,7%
GD 0,1% = 9,1%

Tabelle 11b
Porenvolumen in %

Düngung	x̄	Rel.	Sign.
1	44,4	100,0	(v)
2	46,5	104,7	—
3	46,5	104,7	—
4	45,3	102,0	—

GD 5% = 5,5%

Die Werte der Porenvolumina der tief bearbeiteten Parzellen sind im Vergleich zur normalen Bearbeitung statistisch gesichert höher. Der Einfluß der Düngung (Tab. 11b) ist in den ermittelten Porenvolumen-Werten ebenfalls nicht mehr eindeutig nachzuweisen.

3. Diskussion

Die in vorliegender Untersuchung angeführten Ergebnisse zeigten, daß nach sechsjähriger Versuchsdauer die Tiefbearbeitung noch einen deutlichen Einfluß auf die Entwicklung der Mikroflora und Mesofauna ausgeübt hatte. Die einmalige Tiefenmelioration führte zu einer Reihe von physikalischen und chemischen Veränderungen des Bodens, die in den folgenden Jahren eine wesentliche Erweiterung des Lebensraumes der Bodenorganismen bis zu sonst völlig „toten" Bodenschichten nach sich zogen. Die Erhöhung der pH-Werte in den tieferen Bodenschichten der tief bearbeiteten Parzellen, die im Zusammenhang damit stehende Verringerung des Gehaltes an freiem Aluminium und die deutlich positive Wirkung der Tiefenmelioration auf das Porenvolumen waren nach sechsjähriger Versuchsdauer noch eindeutig nachzuweisen. Die tiefe Lockerung des Bodens verbesserte einmal erheblich die Durchlüftung tiefer Bodenschichten, ermöglichte zum anderen aber auch den angebauten Kulturpflanzen, ihre Wurzeln in bis dahin nicht durchwurzelte Schichten zu entsenden. Die Folge davon war eine allmähliche Anreicherung vorher rein mineralischer Horizonte mit organischen Substanzen, die, nunmehr auch den Bodenorganismen als Nahrungsquelle dienend, eine Ausbreitung über die ursprüngliche Krume als Lebensraum hinaus erlaubte.
Die in den ersten Jahren nach Versuchsbeginn sowohl von Müller und Rauhe (1959) wie auch von Gyurko und Varga (1958) festgestellte Wirkung der tief eingebrachten organischen Düngung auf die Besiedlungsdichte der Mikroorganis-

men und Bodentiere konnte nach sechsjähriger Versuchdauer von uns für die meisten Organismengruppen nicht mehr nachgewiesen werden. Der Einfluß der Düngung war bei den meisten Organismengruppen dagegen nur noch in den normal bearbeiteten Parzellen deutlich. Lediglich die Actinomyceten, die für ihre Entwicklung die tieferen Schichten bevorzugten, bildeten bei diesen Feststellungen eine Ausnahme, als nämlich bei ihnen die mineralische und organische Düngung auch in den tief bearbeiteten Parzellen eine deutlich nachzuweisende positive Wirkung erkennen ließ. Offenbar fanden einige Vertreter der Strahlenpilze in den stark zersetzten Düngerteppichen in 50 cm Tiefe immer noch Substanzen vor, die ihnen günstigere Entwicklungsmöglichkeiten boten, als das in der ungedüngten Kontrollvariante der Fall war. Ähnliche Verhältnisse nach siebenjähriger Versuchsdauer sind auch dem Zahlenmaterial von MESCHKOW (1960) zu entnehmen.

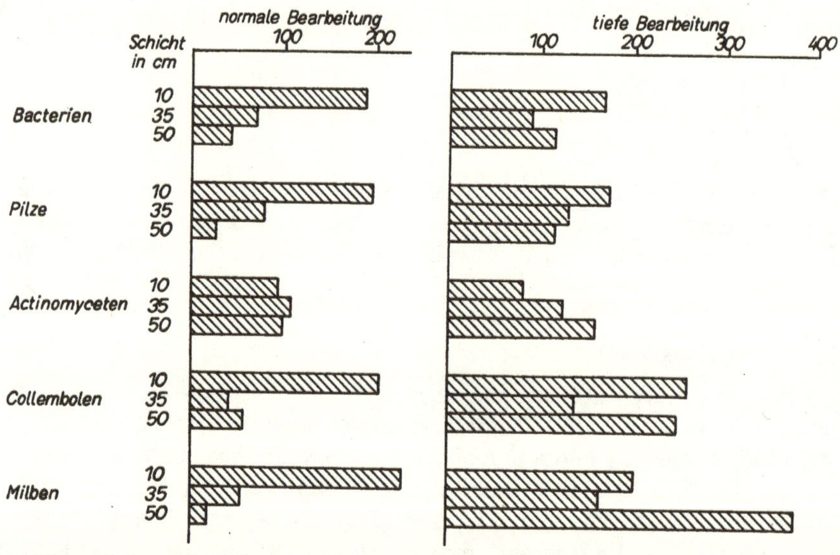

Keimgehalt und Kleintierbesatz in verschiedenen Tiefen bei normaler (I) und tiefer (II) Bearbeitung (Gesamtdurchschnitt I = 100)

Die Abbildung stellt die von uns erhaltenen Ergebnisse über den Einfluß der Tiefbearbeitung auf das Bodenleben 6 Jahre nach Versuchsbeginn noch einmal für alle untersuchten Organismengruppen dar. Der stark zurückgehenden Besiedlungsdichte bei normaler Bearbeitung nach der Tiefe zu steht eine beträchtliche Erhöhung bei tiefer Bearbeitung besonders in 50 cm Tiefe gegenüber.

Zusammenfassung

1. Ein 1957 auf ganz leichtem Sandboden angelegter Versuch mit kombinierter Tiefbearbeitung und Tiefdüngung wurde 1963 auf seine bodenbiologischen (Bakterien, Eiweißzersetzer, Nitratbildner, Actinomyceten, mikroskopische Pilze, Collembolen und Milben) Verhältnisse untersucht.

2. Eine eindeutige positive Nachwirkung der tiefen Bearbeitung auf die Besiedlungsdichte der Mikroorganismen und Mesofauna war nach 6jähriger Versuchsdauer noch nachweisbar.

3. Der zu Beginn des Versuches festgestellte fördernde Einfluß der Tiefdüngung auf das Bodenleben war nur noch aus den erfaßten Keimzahlen der Actinomyceten ersichtlich und wurde bei den übrigen Organismengruppen durch die Wirkung der Tiefbearbeitung überdeckt.

4. Die Keimzahlverhältnisse der Mikroorganismen und die Artenzusammensetzung der Collembolen deuten darauf hin, daß sich die in 50 cm Tiefe eingebrachten organischen Dünger in einem fortgeschrittenen Zersetzungsstadium befanden.

Резюме

1. Начатый в 1957-мом году на очень легкой песчаной почве опыт по комбинированной глубокой обработке почвы и глубокому внесению удобрений был в 1963-ем году проанализирован с точки зрения почвенно-биологических условий (бактерии, белокразлагающие организмы, нитрифицирующие организмы, актиномицеты, грибы, ногохвостки и клещи).

2. Еще через 6-ть лет можно было установить достоверное положительное последействие глубокой обработки на плотность заселения микроорганизмами и мезофауной.

3. Установленное в начале опыта стимулирующее действие глубокого внесеная удобрения на почвенные микроорганизмы было еще заметно только на количестве актиномицетов, на остальных группах организмов это действие было перекрыто действием глубокой обработки почвы.

4. Соотношение микроорганизмов и видовой состав ногохвосток указывают на то, что заделанные на 50 см органические удобрения сильно разложились.

Summary

1. A test with a combination of subsoil cultivation and deep fertilization which had been prepared in a very light sandy soil, in 1957, was checked for its biological conditions (bacteria, protein decomposers, nitrate formers, actinomycetes, microscopic fungi, collemboles, and mites), in 1963.

2. An unequivocal positive effect of the subsoil cultivation on the population density of microorganisms and meso-fauna was discernible even after the full test period of six years.

3. The favourable influence of deep fertilization on soil life which had been established at the beginning, was later on discerned only through the germination figures of the actinomycetes, whereas it was superimposed by the effect of subsoil cultivation in the rest of the organism groups.

4. The ratios of the germination figures of the micro organisms as well as the composition by types of the collemboles would indicate that the organic manures which were placed in a depth of 50 cm were in a state of advanced decomposition.

Literatur

FRANZ, H.; REPP, G.: Untersuchungen über die Stallmistrotte im Stapel und im Boden. Bodenkultur 3 (1949), S. 477—482

GYURKO, P., VARGA, L.: Neuere Untersuchungen über die mikrobiologische Wirkung der Tiefdüngung von Sandböden. Acta Agronomica Acad. Sci. Hung. 8 (1958), S. 313—341

MESCHKOW, N. W.: Einfluß der Vertiefung der Ackerkrume eines Rasenpodsolbodens auf die Zusammensetzung der Bodenmikroflora und deren biologische Aktivität. In: Probleme der Bodenbearbeitung. Tag.-Ber. Dt. Akad. Landwirtsch.-Wiss. Berlin Nr. 28, 1960, S. 185—193

MÜLLER, G.; RAUHE, K.: Zur Tiefkultur auf leichten Böden im besonderen Hinblick auf die Bodenbiologie. II. Bodenbiologischer Teil. Z. Acker- u. Pflanzenbau 109 (1959), S. 309 bis 332

RAUHE, K.; MÜLLER, G.: Zur Tiefkultur auf leichten Böden im besonderen Hinblick auf die Bodenbiologie. I. Ackerbaulicher Teil. Z. Acker- u. Pflanzenbau 109 (1959), S. 291—308

SCHÖNBERG, W.; SCHÖNFELD, E.: Zur kolorimetrischen Bestimmung geringer Mengen Aluminium im KCl-Auszug mit Alizarinrot S. Thaer-Archiv 4 (1960), S. 37—43

Aus dem Institut für Saatgut und Ackerbau Halle-Lauchstädt
der Deutschen Akademie der Landwirtschaftswissenschaften zu Berlin
(Direktor: Prof. Dr. agr. habil. H. RÜTHER)

HERMANN ANSORGE

Queckenbekämpfung mit chemischen Mitteln

Eingegangen: 25. 10. 1963

Die große Verbreitung von stark verqueckten Ackerflächen läßt erkennen, daß die Bekämpfung dieses Unkrautes bisher große Schwierigkeiten bereitet. Wohl ist durch einen verstärkten Hackfruchtbau und durch eine intensive Bodenbearbeitung bzw. durch tiefes Einpflügen eine mechanische Queckenbekämpfung möglich. Da jedoch die völlige Vernichtung der Quecken mit Hilfe dieser Maßnahmen sehr arbeits- und zeitaufwendig ist, wurde bereits in früheren Jahren versucht, bei sehr starker Verqueckung durch Einsatz von totalwirkenden Unkrautbekämpfungsmitteln (Natriumchlorat) nach der Getreideernte die Ackerfläche zu säubern. Während heute die Bekämpfung der dikotylen Unkräuter, einschließlich der Wurzelunkräuter, in den Getreideflächen durch Einsatz geeigneter Herbizide keine größeren Schwierigkeiten bereitet, ist die chemische Bekämpfung der Gräser noch nicht völlig gelöst. Die Entwicklung eines sicher wirkenden chemischen Mittels zur Queckenbekämpfung ist deshalb seit langem eine Forderung der landwirtschaftlichen Praxis.

Neben den bereits erwähnten totalwirkenden Unkrautbekämpfungsmitteln auf Natriumchloratbasis wird in der Literatur in der letzten Zeit von einer guten Wirkung mehrerer Herbizide zur Queckenbekämpfung berichtet. So fanden KERSTING (1957), WELTE (1958), KRÜGER (1959, 1960, 1961), ABRAMOV und KOPTELOVA (1961), GRANSTRÖM (1960) u. a., daß die Quecke mit Natriumchlorazetat (TCA) in Mengen von 30—50 kg/ha relativ gut zu bekämpfen ist. GRANSTRÖM (1960) und RALEIGH (1960) stellten fest, daß Dalapon (Dichlorpropionsäure) in vielen Fällen noch besser als TCA wirkte. Neben diesen beiden chlorierten aliphatischen Säuren wird von KURTH (1963), RALEIGH (1960) u. a. auch der Einsatz von Trichlorpropionsäure (TCP), Simazin und IPC für die Bekämpfung der Quekken empfohlen. Fast alle Autoren betonen, daß bei einem verspäteten Einsatz der Herbizide eine teilweise Schädigung der Nachfrüchte zu erwarten ist. Deshalb wird vielfach empfohlen, die Spritzung mit Herbiziden bereits nach der Getreideernte durchzuführen, wenn auch, wie z. B. KRÜGER (1960) und GRANSTRÖM (1960) feststellten, TCA bei einer zeitigen Anwendung im Frühjahr die beste Wirkung entwickelt.

Um den Einsatz verschiedener chemischer Unkrautbekämpfungsmittel zur Queckenbekämpfung auf verschiedenen Standorten zu überprüfen, wurden in den Jahren 1959 bis 1962 von unserem Institut zahlreiche Feldversuche auf mehreren Böden angelegt. Die Versuche wurden mit folgenden Varianten durchgeführt:

1. unbehandelt
2. 200 kg/ha Natriumchlorat als Agrosan

3. 50 kg/ha TCP als Omnidel
4. 40 kg/ha Dalapon als Omnidel-Spezial
5. 50 kg/ha TCA als 3 Ef
6. 5 kg/ha Atrazin als Atrazin-Geigy[1]
7. 6,8 kg/ha Simazin als W 6658

Wie bereits erwähnt, wurden die totalwirkenden Unkrautbekämpfungsmittel auf der Natriumchloratbasis schon früher zur Bekämpfung der Quecke und anderer ausdauernder Unkräuter verwendet, während die chlorierten aliphatischen Säuren (Omnidel, Omnidel-Spezial, 3 Ef) teilweise zur totalen Unkrautbekämpfung in Entwässerungsgräben und auch zur Bekämpfung von Gräsern (z. B. Flughafer) eingesetzt werden. Die Triazin-Derivate werden in geringeren Mengen mit gutem Erfolg bei der Unkrautbekämpfung in Maisbeständen ausgebracht.

Die Unkrautbekämpfungsmittel wurden z. T. im Sommer direkt nach der Getreideernte auf der Stoppel bzw. auf dem geschälten Acker (gelöst in 800—1000 l/ha Wasser) angewandt, zum anderen erfolgte der Einsatz im Frühjahr zu dem frühest möglichen Zeitpunkt. Die Parzellengröße betrug jeweils 50 m², die Versuche wurden mit 5 Wiederholungen angelegt. Um die Wirkung der Mittel auf die Quecken festzustellen, wurden 2 Monate nach deren Spritzung genaue Auszählungen der Queckenhalme vorgenommen. Da sich herausstellte, daß einige Mittel erst nach einer längeren Zeitspanne die volle Wirkung auf die Quecken ausüben, erfolgte eine zweite Auszählung jeweils im Sommer nach der Anwendung.

Bei Anwendung der relativ hohen Mengen an Unkrautbekämpfungsmitteln sind besonders bei der Frühjahrsausbringung Schädigungen der Nachfrüchte zu erwarten. Deshalb wurden auf sämtlichen Versuchen mehrere Früchte (Kartoffeln, Mais, Sommergetreide mit Kleeuntersaaten und Zuckerrüben) nachgebaut. Bei der Anwendung der Queckenbekämpfungsmittel im Herbst erfolgte die Aussaat der Nachfrüchte zum normalen Termin im Frühjahr, während bei der Anwendung der Mittel im Frühjahr die Aussaat 8 Wochen nach der Spritzung vorgenommen wurde.

Die Ergebnisse der Queckenauszählungen sind in den Tabellen 1—4 als Relativwerte zusammengefaßt. Hierbei wurde jeweils die Zahl der Quecken auf den unbehandelten Parzellen = 100 gesetzt. Die Relativwerte geben somit den prozentualen Grad der Verqueckung nach der chemischen Bekämpfung im Vergleich zur unbehandelten Parzelle an. Die Anzahl der Queckenhalme/m² der unbehandelten Parzelle wurden zum Vergleich in Klammern mit angegeben.

Tabelle 1 zeigt die Durchschnittswerte der Queckenauszählungen 2 Monate nach Anwendung der Bekämpfungsmittel im Durchschnitt von 7 Versuchen. Hieraus geht hervor, daß durch die chlorierten aliphatischen Säuren und hier besonders durch das 3 Ef die besten Bekämpfungserfolge erzielt wurden. So waren im Mittel der 7 Versuche 2 Monate nach der Spritzung mit 3 Ef nur noch 7% der Queckenhalme vorhanden. Auch bei Omnidel- und Omnidel-Spezial-Spritzungen wurden 85% der Quecken vernichtet. Ebenso hatte das totalwirkende Agrosan eine relativ gute Bekämpfung der Quecken zur Folge. Die Wirkung von Atrazin-Geigy

[1] In der DDR ist jetzt „Wonuk" als Atrazin-Präparat erhältlich.

Tabelle 1

Queckenauszählungen 2 Monate nach Anwendung der Mittel (Relativwerte)
(Die Queckenzahl der unbehandelten Parzelle wurde = 100 gesetzt)
(Die eingeklammerten Zahlen geben die Queckenanzahl/m² an)

	Mittel aus		
	2 Versuchen bei Anwendung der Mittel im Herbst	5 Versuchen bei Anwendung der Mittel im Frühjahr	7 Versuchen
1. unbehandelt	100 (383)	100 (665)	100 (584)
2. Agrosan	15	34	28
3. Omnidel	35	7	15
4. Omnidel-Spezial	38	6	15
5. 3 Ef	13	4	7
6. Atrazin-Geigy	53	66	62
7. W 6658	68	57	61

und W 6658 war zu dem Zeitpunkt 2 Monate nach der Spritzung wesentlich geringer. Der Vergleich der 2 Versuche mit Herbstspritzung und der 5 Versuche mit Frühjahrsanwendung der Bekämpfungsmittel zeigt bei den chlorierten aliphatischen Säuren eine bessere Wirkung bei Frühjahrsanwendung, während bei Agrosan die Herbstanwendung im Mittel eine bessere Bekämpfung zur Folge hatte. Bei den Triazin-Derivaten war die Wirkung bei der Herbst- und Frühjahrsspritzung etwa gleich.

Wie bereits erwähnt, wurden die Versuche auf mehreren Standorten durchgeführt. Sie kamen auf einem lehmigen Sandboden in Trossin (Kreis Torgau), einem Schwemmlandboden in Hechendorf (Kreis Artern), auf einem Verwitterungsboden in Heiligenstock (Harz), 520 m Höhe, (Kreis Wernigerode) und auf Schwarzerdeboden in Braunsbedra (Kreis Merseburg) zur Anlage. Es wurden jeweils nur Flächen ausgewählt, die stark verqueckt waren. Tabelle 2 gibt einen Überblick über die Wirkung der einzelnen Mittel auf den verschiedenen Standorten. Die Zahl der Queckenauszählungen zeigt gleichzeitig den unterschiedlichen Grad der Verqueckung auf den einzelnen Böden. Übereinstimmend mit den aufgezeichneten Mittelwerten ließen die chlorierten aliphatischen Säuren auf allen Standorten eine befriedigende Wirkung erkennen. Während in Trossin und Braunsbedra 3 Ef dem Omnidel-Spezial und Omnidel überlegen war, zeigte das Omnidel-Spezial in Hechendorf und Heiligenstock eine etwas bessere Wirkung. Atrazin-Geigy und Agrosan hatten auf dem Schwarzerdeboden in Braunsbedra nur eine sehr geringe Queckenvernichtung zur Folge.

Ein wesentlich anderes Bild zeigen die Auszählungen, die jeweils im Sommer nach der Anwendung der Mittel durchgeführt wurden. Wie aus Tabelle 3 hervorgeht, war zu diesem Termin bei den chlorierten aliphatischen Säuren bereits wieder eine etwas stärkere Verqueckung als zur Zeit der ersten Auszählung zu verzeichnen,

Tabelle 2

Queckenauszählungen 2 Monate nach Anwendung der Mittel (Relativwerte)
(Die Queckenzahl der unbehandelten Parzelle wurde = 100 gesetzt)
(Die eingeklammerten Zahlen geben die Queckenanzahl/m² an)

	Mittel aus				
	3 Versuchen in Trossin	2 Versuchen in Hechendorf	2 Versuchen in Heiligenstock	1 Versuch in Braunsbedra	7 Versuchen
1. unbehandelt	100 (518)	100 (1600)	100 (414)	100 (108)	100 (584)
2. Agrosan	15	58	6	82	28
3. Omnidel	14	12	3	18	15
4. Omnidel-Spezial	16	5	0	26	15
5. 3 Ef	6	14	2	6	7
6. Atrazin-Geigy	64	27	40	136	62
7. W 6658	52	42	61	—	61

Tabelle 3

Queckenauszählungen im Sommer nach Anwendung der Mittel (Relativwerte)
(Die Queckenzahl der unbehandelten Parzelle wurde = 100 gesetzt)
(Die eingeklammerten Zahlen geben die Queckenanzahl/m² an)

	Mittel aus		
	8 Versuchen bei Anwendung der Mittel im Herbst	5 Versuchen bei Anwendung der Mittel im Frühjahr	13 Versuchen
1. unbehandelt	100 (569)	100 (124)	100 (398)
2. Agrosan	50	23	39
3. Omnidel	48	26	39
4. Omnidel-Spezial	47	17	35
5. 3 Elf	40	15	30
6. Atrazin-Geigy	11	16	13
7. W 6658	17	34	21

während Atrazin-Geigy und W 6658 eine Abnahme der Verqueckung um 87 bzw. 79% zur Folge hatten. Durch die relativ geringe Wasserlöslichkeit der Triazin-Derivate trat die Wirkung im Mittel erst nach stärkeren Regenfällen und somit nach einer längeren Zeitdauer ein. Wie bei den ersten Auszählungen wiesen die chlorierten aliphatischen Säuren bei Frühjahrsanwendung eine etwas bessere Wirkung auf, während durch die Triazin-Derivate bei den beiden Anwendungszeiten etwa gleiche Erfolge erzielt wurden.

Tabelle 4
Queckenauszählungen im Sommer nach Anwendung der Mittel (Relativwerte)
(Die Queckenzahl der unbehandelten Parzelle wurde = 100 gesetzt)
(Die eingeklammerten Zahlen geben die Queckenanzahl/m² an)

	Mittel aus			
	7 Versuchen in Trossin	4 Versuchen in Heiligenstock	2 Versuchen in Braunsbedra	13 Versuchen
1. unbehandelt	100 (387)	100 (577)	100 (78)	100 (398)
2. Agrosan	38	32	57	39
3. Omnidel	49	40	7	39
4. Omnidel-Spezial	41	43	4	35
5. 3 Ef	33	34	2	30
6. Atrazin-Geigy	19	8	3	13
7. W 6658	23	8	40	21

Vergleicht man die Ergebnisse der späteren Auszählung auf den einzelnen Standorten (Tab. 4), so fällt auf, daß die chlorierten aliphatischen Säuren und das Atrazin-Geigy auf dem Schwarzerdeboden in Braunsbedra auch zu diesem Zeitpunkt noch eine gute queckenbekämpfende Wirkung aufweisen, während W 6658 hier nicht befriedigte. Die schlechte Wirkung von W 6658 ist wahrscheinlich auf die sehr geringen Niederschläge in dem Hallenser Trockengebiet zurückzuführen. Die Ergebnisse auf den Standorten Trossin und Heiligenstock weichen nicht in größerem Umfang von den Mittelwerten ab.

Zusammenfassend zeigen somit die Queckenauszählungen, daß bei Anwendung chlorierter aliphatischer Säuren, besonders bei 3 Ef und Omnidel-Spezial, eine schnelle und recht gute Bekämpfung der Quecke vorhanden ist, die jedoch nicht längere Zeit andauert. Bei den Triazin-Derivaten trat dagegen eine langsame und etwas nachhaltigere Queckenvernichtung ein.

Wie bereits erwähnt ist zu erwarten, daß neben den Quecken auch die nachgebauten Früchte in unterschiedlicher Stärke geschädigt werden. Deshalb wurde in sämtlichen Versuchen die Nachwirkung auf Kartoffeln, Mais, Getreide und Rüben überprüft. Die Ergebnisse dieser Nachwirkungsversuche sind in den Tabellen 5—8 zusammengefaßt. Nur bei einer gleichzeitigen guten queckenbekämpfenden Wirkung und einer geringen Schädigung der Nachfrüchte ist die Anwendbarkeit eines Mittels in der Praxis zu empfehlen, denn es ist nicht zu vertreten, daß durch eine chemische Queckenbekämpfung bei den Nachfrüchten stärkere Ertragsdepressionen eintreten.

Die Ergebnisse der insgesamt 13 mit Kartoffeln durchgeführten Versuche sind in Tabelle 5 zusammengestellt. Beim Vergleich der Kartoffelerträge fällt auf, daß im Mittel aller Versuche nur relativ geringe Schäden durch die Queckenbekämpfungsmittel auftraten. So weisen die Kartoffeln auf den Parzellen, die mit den chlo-

Tabelle 5

Nachwirkung der Queckenbekämpfungsmittel auf den Kartoffelertrag (Mittel der Relativerträge)

(Die eingeklammerten Zahlen geben den Ertrag in dt/ha an)

Versuchsort	Braunsbedra		Trossin		Heiligenstock		Insgesamt
Zahl der Versuche	1	2	4	2	3	1	13
Zeitpunkt der Anwendung der Mittel	Herbst	Frühjahr	Herbst	Frühjahr	Herbst	Frühjahr	
1. unbehandelt	100 (175)	100 (163)	100 (203)	100 (182)	100 (122)	100 (64)	100 (166)
2. Agrosan	90	14	111	60	128	102	93
3. Omnidel	102	68	109	75	118	128	102
4. Omnidel-Spezial	106	97	109	92	108	117	105
5. 3 Ef	104	69	108	96	109	100	108
6. Atrazin-Geigy	102	111	83	45*	115	139	100*
7. W 6658	101	—	67	67	95	180	87
rel. GD 5%		11	30	32	22	37	

* in einem Versuch Totalschaden

rierten aliphatischen Säuren behandelt wurden, keine niedrigeren Erträge als auf den unbehandelten Parzellen auf, sondern sie hatten wahrscheinlich durch die starke Verringerung der Verqueckung sogar gewisse Mehrerträge zur Folge. Lediglich nach Agrosan und W 6658 traten Mindererträge ein.

Beim Vergleich der Nachwirkung auf den einzelnen Standorten und bei der Anwendung der Mittel im Herbst bzw. Frühjahr ist sowohl in Braunsbedra als auch in Trossin eine stärkere Abnahme der Erträge bei der Frühjahrsanwendung festzustellen. In Braunsbedra war lediglich bei Anwendung von Atrazin-Geigy kein Minderertrag vorhanden. Dagegen trat in den Trossiner Versuchen in dem Jahre 1960 nach Frühjahrsanwendung von Atrazin-Geigy ein Totalverlust bei den Kartoffeln ein. Bei der Herbstanwendung der Mittel waren die Schäden bei den Kartoffeln geringer. Zu diesem Zeitpunkt ausgebracht hatte in Braunsbedra lediglich das Agrosan eine geringe Schädigung zur Folge, während in Trossin das Atrazin-Geigy und W 6658 bei den Kartoffeln im folgenden Jahr Ertragsdepressionen hervorrief. In Heiligenstock hat die Anwendung der Mittel sowohl im Herbst als auch im Frühjahr fast auf allen Varianten eine Erhöhung der Kartoffelerträge bewirkt. Diese hohen Erträge sind einmal auf die Verringerung der Verqueckung und zum anderen wahrscheinlich auf die stärkere Auswaschung der Mittel zurückzuführen, die durch die höheren Niederschläge in der Höhenlage von 520 m über NN bedingt ist. Auffallend sind die sehr hohen Erträge nach Anwendung der Triazin-Derivate im Frühjahr in Heiligenstock. Dieses positive Ansprechen der Kartoffeln auf Atrazin-Geigy und W 6658 wurde bereits in früheren Versuchen zur chemischen Unkrautbekämpfung im Kartoffelbau auf diesem Standort festgestellt (ANSORGE und KOSS, 1964).

Zusammenfassend ist zu der Überprüfung der Nachwirkung der Unkrautbekämpfungsmittel auf den Kartoffelertrag zu sagen, daß die Kartoffeln eine Anwendung von chlorierten aliphatischen Säuren im Herbst des Vorjahres im Mittel recht gut vertragen haben. Bei den Triazin-Derivaten und auch bei Agrosan traten bei Herbstanwendung z. T. geringe Schädigungen der Kartoffeln ein. Ein Nachbau von Kartoffeln ist bei Frühjahrsanwendung bei sämtlichen Mitteln nicht anzuraten.

Tabelle 6

Nachwirkung der Queckenbekämpfungsmittel auf den Maisertrag (Mittel der Relativerträge)

(Die eingeklammerten Zahlen geben den Ertrag in dt/ha Trockenmasse an)

Versuchsort	Braunsbedra	Trossin		Insgesamt
Zahl der Versuche	1	5	2	8
Zeitpunkt der Anwendung der Mittel	Frühjahr	Herbst	Frühjahr	
1. unbehandelt	100 (24,2)	100 (39,5)	100 (39,4)	100 (37,6)
2. Agrosan	109	109	66*	98*
3. Omnidel	77	102	45*	85*
4. Omnidel-Spezial	97	110	128	113
5. 3 Ef	100	101	55*	89*
6. Atrazin-Geigy	149	245	136	206
7. W 6658	—	229	133	201
rel. GD 5%	35	32	23	

* in einem Versuch Totalschaden

In Tabelle 6 sind die Ergebnisse der insgesamt 8 Versuche zur Überprüfung der Queckenbekämpfungsmittel auf die Nachfrucht Mais zusammengestellt. Da in Heiligenstock infolge der Höhenlage der Mais nicht wächst, liegen nur Ergebnisse von Braunsbedra und Trossin vor. In Braunsbedra wurde nur Atrazin-Geigy angewandt. Im Mittel sämtlicher Versuche fallen bei den Maiserträgen die sehr hohen Erträge nach Anwendung von Atrazin-Geigy und W 6658 auf. Diese Mehrerträge sind auf die gute und nachhaltige queckenbekämpfende Wirkung der Triazin-Derivate und auf die gute Verträglichkeit des Maises für diese Produkte zurückzuführen. Die gute Anwendbarkeit von Atrazin-Geigy[2] und W 6658 zur Unkrautbekämpfung im Maisanbau ist ja allgemein in der landwirtschaftlichen Praxis bekannt. Auch die Verwendung der relativ hohen Mengen von 10 bzw. 15 kg/ha hat bei der Nachfrucht Mais keine Schädigungen, sondern durch die Vernichtung der Quecken besonders bei der Herbstspritzung einen wesentlichen Ertragsanstieg bewirkt. Auch bei Anwendung von Omnidel-Spezial nahmen die Maiserträge im Vergleich zur unbehandelten Parzelle im Mittel etwas zu, während bei den übrigen Mitteln ein geringerer Ertragsabfall festzustellen ist. Besonders bei der Frühjahrs-

[2] In der DDR ist jetzt „Wonuk“ als Atrazin-Präparat erhältlich

anwendung in Trossin hatten Agrosan, Omnidel und 3 Ef einen stärkeren Rückgang der Maiserträge zur Folge, und in einem Jahr war bei diesen Varianten Totalschaden vorhanden.

Zusammenfassend ist also zu sagen, daß bei Anwendung von W 6658 und Atrazin-Geigy zur Queckenbekämpfung als Nachfrucht unbedingt Mais, evtl. auch 2 Jahre nacheinander, anzubauen ist. Beim Nachbau von Mais ist neben der für die Nachfrucht besseren Queckenbekämpfung im Herbst auch eine Frühjahrsanwendung von Atrazin-Geigy und W 6658 möglich.

Tabelle 7

Nachwirkung der Queckenbekämpfungsmittel auf den Getreideertrag (Mittel der Relativerträge)

(Die eingeklammerten Zahlen geben den Ertrag in dt/ha an)

Versuchsort	Trossin	Heiligenstock	Vollenschier	Insgesamt
Zahl der Versuche	5	2	1	8
Zeitpunkt der Anwendung der Mittel	Herbst	Frühjahr	Herbst	
1. unbehandelt	100 (19,2)	100 (17,3)	100 (29,1)	100 (20,0)
2. Agrosan	103	103	70	99
3. Omnidel	117	109	94	112
4. Omnidel-Spezial	108	111	93	107
5. 3 Ef	121	103	95	113
6. Atrazin-Geigy	10**	88	0*	35***
7. W 6658	4**	88	0*	31***
rel. GD 5%	9	18		

* in einem Versuch Totalschaden
** in zwei Versuchen „
*** in drei Versuchen „

In Tabelle 7 sind die Relativerträge von 8 Versuchen mit Getreide (Hafer, Sommergerste) zusammengestellt. Bei Betrachtung der Ergebnisse fällt auf, daß die chlorierten aliphatischen Säuren (wie bei den Kartoffeln) im Durchschnitt einen geringen Ertragsanstieg zur Folge hatten, der auf die gute queckenbekämpfende Wirkung dieser Mittel zurückzuführen ist. Agrosan hatte in Vollenschier selbst bei Herbstanwendung geringe Mindererträge bewirkt, während Atrazin-Geigy und W 6658 in allen Versuchen starke Schäden beim Getreide zur Folge hatten. In Trossin trat in 5 Versuchen zweimal Totalschaden ein, und auch in den übrigen Jahren wurden selbst bei Herbstanwendung nur sehr geringe Erträge erzielt. In Vollenschier war ebenfalls Totalschaden vorhanden. In Heiligenstock war die Schädigung selbst bei Frühjahrsanwendung wahrscheinlich infolge der hohen Niederschläge und der schnelleren Auswaschung der Bekämpfungsmittel wesentlich geringer. Im Mittel dieser Untersuchungen ist jedoch zu sagen, daß bei Herbstanwendung der Mittel 3 Ef, Omnidel-Sepzial und Omnidel starke Schädigungen bei Getreide nicht zu erwarten sind, daß aber nach Spritzung von Atrazin-Geigy und W 6658 starke Schädigungen des Getreides eintraten.

Tabelle 8
Nachwirkung der Queckenbekämpfungsmittel auf den Rübenertrag (Mittel der Relativerträge)
(Die eingeklammerten Zahlen geben den Ertrag in dt/ha an)

Versuchsort	Trossin	Braunsbedra	Insgesamt
Zahl der Versuche	5	1	6
Zeitpunkt der Anwendung der Mittel	Herbst	Frühjahr	
1. unbehandelt	100 (115)	100 (141)	100 (120)
2. Agrosan	116	28	101
3. Omnidel	125	111	123
4. Omnidel-Spezial	118	117	118
5. 3 Ef	130	103	125
6. Atrazin-Geigy	37**	109	37**
7. W 6658	27*	—	26*
rel. GD. 5%	8	26	

* in einem Versuch Totalschaden
** in zwei Versuchen „

Ähnliche Ergebnisse wie beim Getreide wurden auch in den insgesamt 6 Versuchen mit Zuckerrüben, die in Tabelle 8 zusammengestellt sind, erzielt. Auch bei den Zuckerrüben hatten die chlorierten aliphatischen Säuren im Mittel der 5 Versuche bei Herbstanwendung in Trossin geringe Mehrerträge bei den Rüben zur Folge, und auch bei Frühjahrsanwendung waren in Braunsbedra keine Schäden zu verzeichnen. Daß die starke Verqueckung im Mittel eine Herabsetzung der Erträge zur Folge hatte, zeigen die niedrigen Erträge auf der unbehandelten Parzelle. In Trossin hat das Agrosan bei Herbstanwendung keinen Minderertrag bewirkt, während bei Frühjahrsanwendung in Braunsbedra die Rüben stark geschädigt wurden. Die Triazin-Derivate (Atrazin-Geigy und W 6658) hatten in Trossin starke Ertragsdepressionen zur Folge, so daß bei Atrazin-Geigy in 5 Versuchen zweimal und bei W 6658 einmal Totalschaden auftrat. Die geringe Schädigung der Rübe nach Atrazinanwendung im Frühjahr in Braunsbedra kann nicht verallgemeinert werden.
Zusammenfassend zeigen die Ergebnisse der Versuche über die Auswirkung der chemischen Queckenbekämpfungsmittel auf die nachgebauten Früchte, daß bei Anwendung der Triazin-Derivate (Atrazin-Geigy und W 6658) unbedingt Mais anzubauen ist. Durch die nachhaltige, relativ gut queckenbekämpfende Wirkung dieser Mittel wurde beim Nachbau von Mais ein hoher Mehrertrag erzielt. Bei Anwendung der chlorierten aliphatischen Säuren, unter denen sich vor allem 3 Ef (TCA) und auch das Omnidel-Spezial (Dalapon) zur Queckenbekämpfung recht gut bewährt haben, ist der Nachbau von Kartoffeln, Sommergetreide und Zuckerrüben möglich. Die Anwendung dieser Mittel sollte jedoch unbedingt im Spät-

sommer nach der Getreideernte des Vorjahres erfolgen, da bei Frühjahrsanwendung je nach Standort mit Schädigungen zu rechnen ist.
Doch zeigen die Ergebnisse von Queckenauszählungen, die im 2. Jahr nach der Anwendung der Mittel nach dem Zwischenanbau von Sommergerste und Rüben in Trossin durchgeführt wurden (Tab. 9), daß der Anbau einer Hackfrucht günstiger als der Getreidenachbau ist.

Tabelle 9
Queckenauszählungen/m² im zweiten Jahr nach Anwendung der Mittel

	Zwischenanbau im 1. Jahr nach Anwendung der Mittel	
	Sommergerste	Zuckerrüben
1. unbehandelt	1706	1281
2. Agrosan	1041	512
3. Omnidel	1109	858
4. Omnidel-Spezial	1092	743
5. 3 Ef	785	335
6. Atrazin-Geigy	1604	500
7. W 6658	751	346
Mittel	1155	653
rel.	100	57

Die aufgezeichneten Queckenauszählungen je m² lassen noch nach zwei Jahren deutlich die Wirkung der einzelnen Mittel erkennen. Sie zeigen jedoch, daß nach dem Zwischenanbau von Rüben im Mittel nur etwa die Hälfte der Quecken wie nach Zwischenanbau von Getreide vorhanden ist. Durch die bessere Bodenbearbeitung und Hackarbeit wurde die Ausbreitung noch verbliebener Quecken beim Anbau von Zuckerrüben nach der chemischen Bekämpfung wesentlich besser verhindert als beim Nachbau von Getreide. Diese Auszählung zeigt auch gleichzeitig, daß die Quecke allein mit einer chemischen Bekämpfung nicht völlig vernichtet werden kann und daß nach der Anwendung chemischer Mittel zur Queckenbekämpfung eine weitere intensive Bodenbearbeitung und Hackarbeit Grundvoraussetzung zur Erreichung queckenfreier Ackerflächen ist.

Zusammenfassung

In den Jahren 1959—1962 wurde der Einsatz verschiedener chemischer Unkrautbekämpfungsmittel [Agrosan (Natriumchlorat), Omnidel (TCP), Omnidel-Spezial (Dalapon), 3 Ef (TCA), Atrazin-Geigy (Atrazin) und W 6658 (Simazin)] auf mehreren stark verqueckten Standorten überprüft. Die Mittel wurden a) gleich nach der Getreideernte im Sommer und b) im zeitigen Frühjahr angewandt.
Queckenauszählungen 2 Monate nach der Spritzung ließen eine recht gute Wirkung von 3 Ef und Omnidel-Spezial erkennen. Die Quecken wurden durch diese Mittel im Durchschnitt der 7 Versuche zu 93 bzw. 85% vernichtet. Die Frühjahrsanwendung war der Sommerspritzung etwas überlegen.

Atrazin-Geigy und W 6658 wiesen in späteren Auszählungen im Vergleich zur ersten eine wesentlich bessere Wirkung auf. Es wurde somit durch diese Mittel eine langsamere, aber nachhaltigere Queckenvernichtung erzielt.
Um evtl. auftretende Schädigungen der Bekämpfungsmittel auf die Nachfrüchte festzustellen, wurde in sämtlichen Versuchen die Nachwirkung auf Kartoffeln, Mais, Sommergetreide und Rüben überprüft.
Atrazin und W 6658 schädigten Kartoffeln und vor allem Getreide und Rüben z. T. sehr stark, so daß nach Anwendung dieser Mittel unbedingt Mais (evtl. auch 2 Jahre) angebaut werden sollte. Durch die queckenvernichtende Wirkung war eine starke Steigerung der Maiserträge nach der Spritzung mit den Triazin-Derivaten vorhanden.
Nach einer Spritzung mit chlorierten aliphatischen Säuren ist ein Nachbau von Kartoffeln, Sommergetreide und Zuckerrüben möglich. Die Anwendung dieser Mittel sollte jedoch unbedingt im Spätsommer nach der Getreideernte des Vorjahres erfolgen, da bei Frühjahrsspritzung z. T. größere Schäden auftraten.
Queckenauszählungen im zweiten Jahr nach der Bekämpfung ließen eine stärkere Vermehrung der nach der Spritzung verbliebenen Quecken bei Zwischenanbau von Getreide als bei dem Nachbau von Hackfrüchten erkennen. Dies zeigt, daß zur Erreichung queckenfreier Ackerflächen auch bei Anwendung chemischer Mittel eine weitere intensive mechanische Unkrautbekämpfung notwendig ist.

Резюме

За 1959—1962 годы на большом количестве запыреенных полей проверялось действие различных химических средств борьбы с сорняками [агрозан (хлорат натрия), омнидель (ТСР), омнидель-специаль (далапон), 3 Ef (TCA), атразин-гейги (атразин), и W 6658 (симазин)]. Средства применялись — а) сразу после уборки зерновых и б) ранней весной. Подсчет числа растений пырея показал быстрое и сравнительно хорошее действие 3 Ef и омнидель-специаль. Производные же триазина действовали несколько более медленно, но пырей уничтожался на более длительный срок. Весеннее применение средств было несколько более действенным, чем летнее. Чтобы установить, оказывают ли эти средства вредное действие на последующие культуры, во всех опытах проверялось последействие средств на картофель, кукурузу, яровые зерновые и свеклу. Атразин и W 6658 частично очень сильно повреждали картофель, и особенно, зерновые и свеклу, так что после применения этих средств необходимо возделывать кукурузу (при необходимости и два года подряд). После использования хлорированных кислот алифатического ряда, особенно при опрыскивании в конце лета, в качестве последующих культур можно возделывать картофель, яровые зерновые и сахарную свеклу.

Summary

The application of several chemical agents for weed-control, such as Agrosen (sodium chlorate), Omnidel (TCP), Omnidel-Spezial (Dalapon), 3 Ef (TCA), Atrazin-Geigy (Atrazin), and W 6658 (Simazin) was examined in a number of excessively quitched locations. The agents were applied a. immediately after the grain harvest in summer, b. in early spring. A rapid and fair effect of 3 Ef and Omnidel-Spezial was established by means of quitch counting. A slower but more lasting destruction of quitches was effected by means of the Triazin derivates. Spring application proved to be slightly superior to summer application. The after-effects on potatoes, corn, summer grain, and beets were checked, in order to establish eventual damage to the second crops. Some considerable damage was caused by Atrazin and W 6658 to potatoes, grain, and beets, so that the application of these agents should at any rate be followed by corn crops (under certain circumstances even two successive years). A spray with chlorinated aliphatic acids, particularly when applied during the late summer period, may be followed by second crops of potatoes, summer grain, and sugar beets.

Literatur

KERSTING, F.: Zur Queckenbekämpfung mit TCA. Mitt. Biol. Bundesanst. 87 (1957), S. 90 bis 94

WELTE, E.: Queckenbekämpfung. Mitt. Dt. Landwirtsch.-Ges. 73 (1958), S. 34

KRÜGER, H.: Bisherige Versuchsergebnisse zur Gräserbekämpfung mit Na-Trichloracetat (TCA). Tag.-Ber. Dt. Akad. Landwirtsch.-Wiss. Berlin Nr. 21, 1960, S. 63—72

KRÜGER, H.: Bisherige Ergebnisse der Queckenbekämpfung mit Na-Trichloracetat (Na—TCA) im Obstbau. Dt. Gartenbau 6 (1959), S. 151—153

KRÜGER, H.: Queckenbekämpfung mit Na-TCA (3 Ef) in mehrjährigen Korbweiden. Nachr.-Bl. Dt. Pflanzenschutzdienst 15 (1961), S. 7—11

ABRAMOV, N. G.; KOPTELOVA, R. G.: Queckenbekämpfung im Lein. Len i konoplja, Moskva, 6 (23) (1961), S. 24—25

GRANSTRÖM, B.: Queckenbekämpfung mit TCA. Statens Jordbruksförsök, Medd. Nr. 105, 1960, 1—20

RALEIGH, S. M.: Die Queckenbekämpfung ist ein schwieriges Problem. Sci. for Farmer 8 (1960), S. 10

KURTH, H.: Chemische Unkrautbekämpfung. Jena, VEB Gustav Fischer Verl., 1963

ANSORGE, H.; KOSS, U.: Chemische Unkrautbekämpfung im Kartoffelbau. Dt. Landwirtsch. 15 (1964), S. 230—233

Autorreferate demnächst erscheinender Arbeiten[1]

Aus dem Institut für Acker- und Pflanzenbau Müncheberg
der Deutschen Akademie der Landwirtschaftswissenschaften zu Berlin

WILHELM SIMON und HANS ROGMANN

Der Einfluß von Futterpflanzen als Haupt- und Zwischenfrüchte auf die Erträge und Fruchtbarkeit verschiedener Böden

Teil V: Erträge von Fruchtfolgen mit unterschiedlichem Futterpflanzenanteil auf sandigen Böden in feuchter Lage

In einem Fruchtfolgeversuch auf diluvialem Sandboden in feuchter Lage stehen sich bei relativ gleichen Aufwendungen vier siebenfeldrige Fruchtfolgen gegenüber:

I = mit dreijährigem Schafschwingel, Wundklee-Einsaat und zusätzlich zweimal Zwischenfrucht
II = mit dreijährigem Schafschwingel ohne Zwischenfrucht
III = mit einjährigem Kleegras und zweimal Zwischenfrucht
IV = Kontrollfolge ohne Futterhaupt- und Zwischenfrucht

In beiden Schafschwingelfruchtfolgen brachten die Vergleichsfrüchte Roggen, Kartoffeln und Gelbe Lupinen 11 bzw. 14% SNL (Summierte Nährstoff-Leistung = StE + verdauliches Rohprotein dt/ha) mehr als in der Kontrollfolge. Bei der vergleichbaren Hauptfrucht Winterroggen (nach einheitlicher Vorfrucht) äußerte sich die akkumulative Fruchtfolgewirkung vor allem in Kornmehrerträgen, wogegen die direkte Vorfruchtwirkung größere Differenzen im Strohertrag herbeiführte. Die Mehrerträge in I und II sind in starkem Maße auf die Zunahme der Korngröße zurückzuführen. Leguminosenvorfrucht und zusätzliche Stallmist- und N-Düngung erwirkten bei Kartoffeln einen übermäßigen Kraut-, jedoch verminderten Knollenertrag. Die sicherste und höchste Futterleistung brachte ein Lupinen-Serradella-Felderbsen-Gemenge als Zweitfrucht nach Schafschwingelsamennutzung; gleichzeitig wird ihm der größte bodenverbessernde Wert zuerkannt.

Aus dem Institut für Acker- und Pflanzenbau der Karl-Marx-Universität Leipzig

H.-J. WICKE

Zum Vorfruchtwert des Getreides für Getreide

Da Fruchtfolgeversuche im allgemeinen wenig geeignet sind, Aussagen über den Vorfruchtwert von Kulturpflanzen zu erstatten, gilt es, im verstärkten Maße Vorfruchtprüfungen anzustellen. Da die Kombination von zwei Getreidearten auch heute noch aktuell ist, haben wir mit der Untersuchung des Vorfruchtwertes von Getreide für nachfolgend angebautes Getreide begonnen.

Die Feldversuche wurden in den Jahren 1959—1963 auf Flächen des Lehr- und Versuchsgutes Seehausen (Kreis Leipzig), einem boden- und klimamäßig günstigen Standort, durchgeführt. Zur Schaffung der Vorfrüchte gelangten Wintergerste, Winterroggen, Winterweizen, Sommerweizen, Sommergerste und Hafer in fünffacher Wiederholung zur Aussaat. Im anschließenden Prüfungsjahr erfolgte der Anbau der gleichen sechs Getreidearten senkrecht zur Grundlinie des Vorjahres, so daß jede Art nach jeder Art stand. Gleichzeitig wurden auf einer benachbarten Fläche wiederum die sechs Getreidearten zur Gewinnung der Vorfrüchte ausgesät. Wie die Ertragsfeststellungen zeigten, waren die vorfruchtbedingten Unterschiede gering und nur in Ausnahmefällen signifikant. Den geringsten Vorfruchtwert hatte der Hafer. Diese im

[1] Sämtliche hier referierten Arbeiten erscheinen ausführlich in einem der nächsten Hefte dieser Zeitschrift.

Gegensatz zu den Feststellungen anderer Autoren stehende Beobachtung konnte weder als Nährstoffwirkung noch mit starkem Wasserentzug erklärt werden. Da auch kein Befall mit zystenbildenden Nematoden (*Heterodera avenae*) vorlag, wäre gegebenenfalls das Auftreten frei lebender Nematoden als Ursache in Erwägung zu ziehen.
Aus dem vorliegenden Material lassen sich bei entsprechender Gruppierung des weiteren Schlüsse im Hinblick auf die Ertragsleistung der Getreidearten unter den gegebenen Umweltbedingungen (Vorfrucht, Boden, Jahreswitterung) ziehen. Die höchsten Erträge brachte im Durchschnitt das Wintergetreide. Insgesamt ergibt sich die Rangordnung Winterweizen > Winterroggen > Wintergerste > Sommergerste > Sommerweizen > Hafer, wobei der Ertragsunterschied zwischen Winterweizen und Hafer 9,2 dt/ha ausmacht.
Sehr beachtlich sind ferner die Ertragsdifferenzen, die von Jahr zu Jahr innerhalb einer Getreideart auftreten. Die geringste Ertragssicherheit hat die Wintergerste. Ebenfalls große Schwankungen zeigten Hafer und Sommerweizen. Winterweizen versagte nur in einem Prüfungsjahr. Durch beste Ertragstreue zeichneten sich Winterroggen und Sommergerste aus. Eindeutig sind im vorliegenden Versuch die vorfruchtbedingten Ertragsdifferenzen wesentlich geringer als die im Hinblick auf Höhe und Sicherheit der Erträge bestehenden Unterschiede zwischen den Getreidearten. Es gilt deshalb allgemein zu prüfen, ob weitere Möglichkeiten des bevorzugten Anbaues der ertragreichsten Getreidearten erschlossen werden können.
Im Rahmen der Fruchtfolgegestaltung gebührt bei den häufig notwendigen Kompromissen nicht der Aufeinanderfolge der Getreidearten der Vorrang. Vielmehr sollten in erster Linie die Möglichkeiten der Unkrautbekämpfung, die Durchführung des Zwischenfruchtbaues, eine günstige Arbeitsverteilung u. a. Beachtung finden.

Aus dem Institut für Acker- und Pflanzenbau der Karl-Marx-Universität Leipzig

KURT RAUHE

Humusersatzwirtschaft unter besonderer Berücksichtigung der Düngung und des Ackerflächenverhältnisses

Ausgehend von der Erkenntnis, daß eine systematische Ergänzung der laufend abnehmenden Humusvorräte der Böden für die Sicherung der einfachen Reproduktion hinsichtlich der Bodenfruchtbarkeit erforderlich ist, soll anhand einiger Dauerversuche ein Beitrag zur besseren Kenntnis der Gesetzmäßigkeit beim Auf- und Abbau der organischen Substanz im Boden unter dem Einfluß ackerbaulicher Maßnahmen geleistet werden. Die Untersuchungen führen zu nachstehenden Schlußfolgerungen:
Beim Anbau von Hackfrucht und Getreide tritt je nach den vorhandenen Boden- und Klimaverhältnissen ein bestimmter Humusverlust auf, der eine Humusersatzwirtschaft notwendig macht.
Von den organischen Düngern kommt dem Stallmist als Humusersatz die größte Bedeutung zu. In Verbindung mit einer Mineraldüngung ergibt sich eine organisch-mineralische Komplexwirkung, durch die eine um 20—30% höhere Humuswirkung zu verzeichnen ist.
Die Wurzelrückstände von Kleegras stehen in ihrer Humuswirkung dem Stallmist nur wenig nach. Bei ihnen ist ein Doppeleffekt vorhanden: kein Humusverlust im Anbaujahr und zusätzliche Zufuhr großer N-reicher organischer Substanz.
Einjährige Leguminosen und Stroh sind als Humusersatz wesentlich geringer zu bewerten. Bei dem augenblicklich hohen Humusbedarf in der DDR könnte z. B. mit einer Strohdüngung nur $^1/_3$ des Bedarfes gedeckt werden.
Durch ausschließliche Mineraldüngung erfolgt selbst bei höchsten NPK-Gaben eine ständige Abnahme der Humusvorräte. Die durch Mineraldünger erzeugte größere Wurzelmenge einjähriger Kulturen ist nicht in der Lage, den jährlich auftretenden Humusverlust zu ersetzen.
Am Beispiel der Thyrower Dauerversuche kann nachgewiesen werden, daß zwischen Humusvorrat und Pflanzenertrag bestimmte Beziehungen bestehen. Mit Zunahme der Humusmenge nimmt auch der Ertrag zu.

31007

Seit 1963 erscheinen

„Fortschrittberichte für die Landwirtschaft"

in denen auf Grund der vorliegenden Literatur die neuesten Forschungsergebnisse und -methoden unter Berücksichtigung des internationalen Höchststandes auf den jeweiligen Fachgebieten zusammenfassend und kritisch dargestellt werden. Die Themen werden in enger Zusammenarbeit mit den Sektionen der Deutschen Akademie der Landwirtschaftswissenschaften zu Berlin ausgewählt und von Fachwissenschaftlern bearbeitet. Die Berichte sollen in erster Linie die auf diesen Gebieten tätigen Wissenschaftler und die leitenden Mitarbeiter der staatlichen Organe sowie der gesellschaftlichen Organisationen über bestimmte Probleme informieren.

Herausgeber:

DEUTSCHE DEMOKRATISCHE REPUBLIK
DEUTSCHE AKADEMIE DER LANDWIRTSCHAFTS-WISSENSCHAFTEN ZU BERLIN
INSTITUT FÜR LANDWIRTSCHAFTLICHE INFORMATION UND DOKUMENTATION · 108 BERLIN 8

Der Versand der Berichte erfolgt direkt durch das Institut nach einem mit den Sektionen der Deutschen Akademie der Landwirtschaftswissenschaften festgelegten Verteilerplan. Für Interessenten, die in diesem Verteiler nicht enthalten sind, erfolgt die Abgabe auf Wunsch gegen einen Unkostenbeitrag von 5,— MDN pro Heft, soweit es die Auflagenhöhe gestattet.
Fordern Sie unverbindlich den Themenplan aus dem Sie interessierenden Fachgebiet an.

www.ingramcontent.com/pod-product-compliance
Lightning Source LLC
LaVergne TN
LVHW042246300926
849161LV00003B/484